Franck H. T. Rhodes, Herbert S. Zim und Paul R. Shaffer

Fossilien
Urkunden der Erdgeschichte

Bilder von Raymond Perlmann
Deutsche Bearbeitung von Dr. Helmut Tyroff

Bunte Delphin-Bücherei Nr. 23
Delphin Verlag

Vorwort

Dieses Buch über das Leben in erdgeschichtlicher Vergangenheit unterscheidet sich mehrfach von anderen kleinen Führern der Bunten Delphin-Bücherei.

Anstatt sich mit einzelnen Gruppen von Pflanzen oder Tieren zu beschäftigen, gibt es einen Gesamtüberblick.

Anstatt die Gegenwart zum Thema zu haben, erstreckt sich seine Darstellung auf einen Zeitraum von 500 Millionen Jahren.

Das Buch beschäftigt sich nicht mit dem Leben unmittelbar, sondern es versucht, vergangenes Leben an Hand toter Beweisstücke zu rekonstruieren. Fossilien, also die versteinerten Überreste von Tieren und Pflanzen, sind Urkunden der Erdgeschichte, die, wenn sie eingehend studiert und richtig gewertet werden, etwas aussagen können über die Entstehung und Entwicklung des Lebens und über seine vielfältigen und fremdartigen Formen.

5. Auflage 1980

© 1962 by Golden Press, Inc., New York. All rights reserved.
Alle deutschen Rechte vorbehalten. © 1972 Delphin Verlag, Stuttgart und Zürich.
Satz: Elgra, Zürich.
Printed in Italy by New Interlitho S.P.A., Trezzano.
ISBN 3-7735-2723-3

INHALT

Dinotheriumschädel fossil   Rekonstruktion

Das Leben in Vergangenheit und Gegenwart

Die ganze Erde ist von Leben erfüllt: Berge, Steppen, Wüsten, Sümpfe, Seen, Flüsse und Meere, alle diese Bezirke sind von Lebewesen bevölkert. Die Zahl der lebenden Arten ist beachtenswert: mehr als 350 000 im Pflanzenreich und 1 120 000 im Tierreich.

Wie sind diese Arten entstanden, und ist das Leben zu allen Zeiten so gewesen wie heute? Aufschluß können uns die Fossilien geben und die Kenntnis ihres Aufbaus und ihrer wichtigsten Organe.

Der Elefant ist das größte der lebenden Landtiere. Indessen zeigt das Studium der fossilen Formen nicht nur, daß die Elefanten eine lebende Gruppe in der langen Geschichte der Lebewesen darstellen, sondern auch, daß ihre ersten Formen weitgehend unseren Schweinen ähnlich sahen. Von alten Gesteinen zu jüngeren übergehend, verfolgen die Geologen die Spuren der Elefanten und fügen so die Elemente ihrer Entwicklungsgeschichte zusammen. Knochen und fossile Zähne enthüllen die Struktur der ersten Elefanten. Das vergleichende Studium dieser fossilen Reste mit der Anatomie der heute lebenden Elefanten erlaubt eine Rekonstruktion der verschiedenen Formen mit angemessener Sicherheit.

Ausnahmsweise konnte man fossile Reste des Mastodon mit behauenen Feuersteinen in Verbindung bringen, was beweist, daß diese Tiere unseren frühen Ahnen als Wildbret dienten.

Entwicklung der Elefanten

Afrikanischer Elefant,
lebend

Mastodon,
Pleistozän,
vor einer Million Jahren

Trilophodon,
Oberes Miozän – Unteres Pliozän,
vor 10–20 Mill. Jahren

Dinotherium,
Miozän – Pleistozän, vor 1–25 Mill. Jahren

Moeriterium,
Oberes Eozän – Unteres Pliozän,
vor 20–40 Mill. Jahren

Die jetzigen Elefanten sind die Überlebenden einer Gruppe, die ehemals verbreiteter und verschiedenartiger war. Diese Gruppe hatte sich bereits im Oberen Eozän (nach geologischer Zeitrechnung vor 30–31 Mill. Jahren) zu Formen entwickelt, die einem Schwein ähnlich waren.

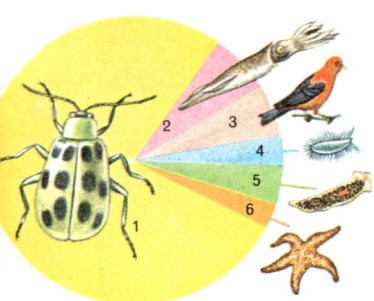

Mehr als 1 Million Tierarten

1. Gliederfüßer	900 000
2. Mollusken	45 000
3. Korallen	45 000
4. Protozoen	30 000
5. Würmer	38 000
6. Andere Wirbellose	21 000

Alle Lebensformen haben sich aus frühen Anfangsstadien entwickelt, einige von ihnen vor 3 Milliarden Jahren. Aus einigen relativ primitiven Formen haben sich die Hauptgruppen der Pflanzen und Tiere entwickelt. Die Zahl der verschiedenen Arten ist ständig gewachsen, bis sie die unglaubliche Mannigfaltigkeit von heute erreicht hat.

Das Studium der Fossilien (Paläontologie) behandelt die verschiedenen Wege, denen die Entwicklung der Tiere und Pflanzen bis zu den heutigen Formen gefolgt ist. Einige, wie Elefanten und Pferde, haben sich im Laufe der Zeitalter entscheidend verändert, andere, wie zum Beispiel der Limuluskrebs oder die Schabe, seit Millionen von Jahren überhaupt nicht. Manche Lebewesen jedoch verfolgten Entwicklungswege, die sie zum Aussterben brachten: Riesige Faultiere, die einmal zahlreich waren, sind heute nur als Fossilien bekannt.

Das Glyptodon, ein zahnloser Riese von ungefähr 3 m Länge ist ein gepanzertes Säugetier der späteren Neuzeit (Quartär). Dieser Verwandte des heutigen Gürteltieres war gegen Raubtiere und andere Feinde durch einen dicken, festen, dachförmigen Panzer geschützt, der bei gewissen Formen eine Länge von 1,80 m erreichte. Kopf und Schwanz hatten ebenfalls einen Panzer und bei gewissen Arten endete der Schwanz in einer mit Stacheln versehenen Keule. Trotz dieser Anpassung oder gerade deswegen ist das Glyptodon ausgestorben.

Ungefähr 350 000 Pflanzenarten

1. Blütenpflanzen	250 000
2. Farne und Farnartige	10 000
3. Laub- und Lebermoose	23 000
4. Algen, Pilze usw.	50 000
Insgesamt ungefähr	350 000
Pflanzenarten	

Anpassung. Die meisten Pflanzen und Tiere leben nur durch die erfolgreiche Anpassung an ihre Umgebung. Jeder Lebensraum – Wüste, Sumpf oder Bergesgipfel – besitzt eine mehr oder weniger spezialisierte Besiedelung von Pflanzen und Tieren. Diejenigen, die sich am Ende einer längeren Zeitperiode den örtlichen Bedingungen anpassen konnten, haben überlebt. Alle anderen sind verschwunden. Zahlreiche Lebewesen haben sich nur an eine *besondere* Umwelt angepaßt. Die Stromlinienform der Fische und die Struktur und Funktion ihrer Flossen und ihres Schwanzes sind Anpassungen an das Leben im Wasser. Die fleischigen Stengel des Kaktus erlauben dieser Pflanze, das Wasser in trockenen Gebieten festzuhalten. Solche Anpassungen haben Erfolg, aber die Chronik der Fossilien verzeichnet zahlreiche andere Fälle, die Niederlagen waren. Der Slogan des Lebens könnte also heißen: anpassen oder aussterben.

Das Überleben der Tiere hängt von der Anpassung ab. Zahlreiche Tiere besitzen Schutzfärbungen; andere, wie die auf dem Meeresgrund lebende Flunder, können ihre Hautfarbe verändern, um sie derjenigen des Untergrundes anzupassen. Eine so komplizierte Anpassung ist bei Fossilien selten feststellbar, kann jedoch bei Muschelschalen gelegentlich beobachtet werden.

Entwicklung der Wirbeltiere

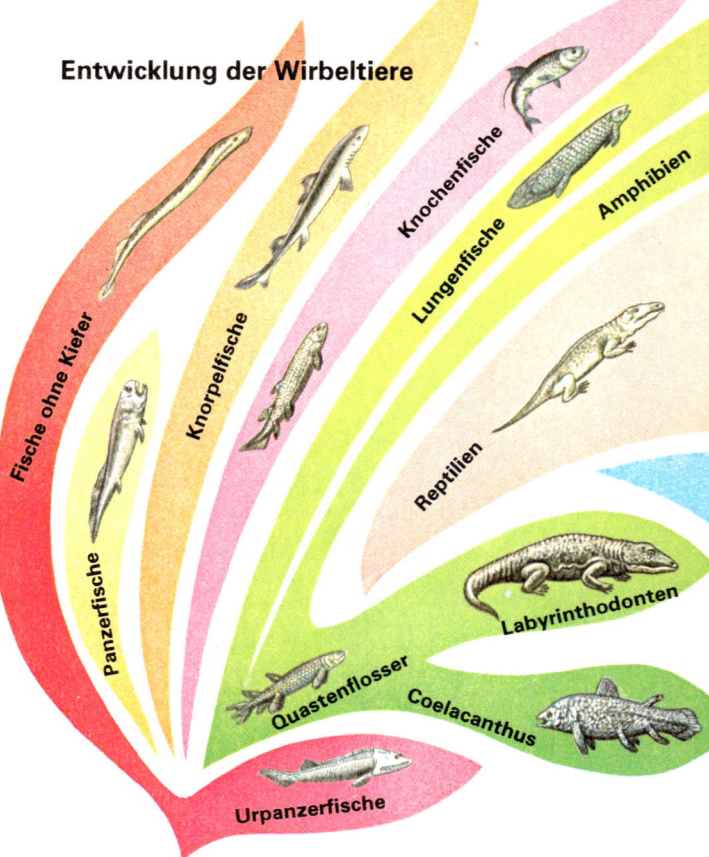

Fische ohne Kiefer

Panzerfische

Knorpelfische

Knochenfische

Lungenfische

Amphibien

Reptilien

Labyrinthodonten

Quastenflosser

Coelacanthus

Urpanzerfische

Die Entwicklung der Wirbeltiere. Die Entwicklung des heutigen Tierlebens ist schwer zu verfolgen, denn die Liste der Fossilien ist unvollständig. In Gegenden, in denen sich Fossilien im Überfluß befinden, kann man sich eine Vorstellung von der Entwicklung machen und in einigen Einzelheiten die

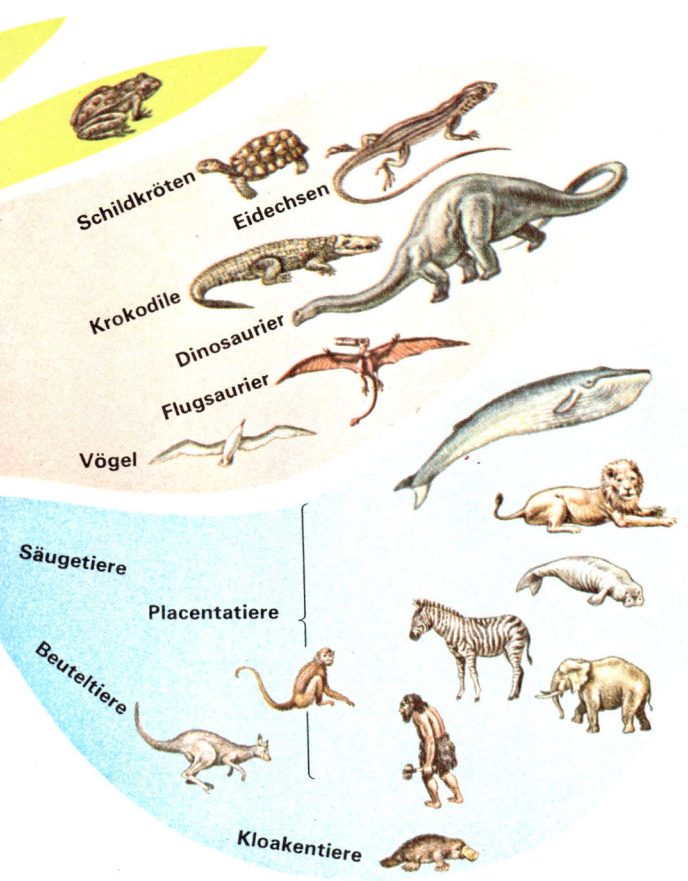

Schildkröten

Eidechsen

Krokodile

Dinosaurier

Flugsaurier

Vögel

Säugetiere

Placentatiere

Beuteltiere

Kloakentiere

Geschichte der verschiedenen Gruppen rekonstruieren. Das Bild oben zeigt die Beziehungen größerer Wirbeltiergruppen zueinander. Die Tiere, die auf einem gleichfarbigen Untergrund dargestellt sind, haben sich wahrscheinlich aus gemeinsamen Vorfahren entwickelt.

Ein wollhaariges Mammut, im Jahre 1900 im gefrorenen Boden Sibiriens entdeckt, teilweise erhalten; Höhe 3,5 m.

Einführung in das Studium der Fossilien

Fossilien sind die Reste vergangenen Lebens und der Beweis seiner Existenz. Zur Fossilisation muß eine Pflanze oder ein Tier harte Teile besitzen: Holz, Knochen oder Muschelschalen. Um eine Zersetzung zu vermeiden, ist eine schnelle Einbettung des Tieres oder der Pflanze notwendig, die während des ganzen Prozesses ungestört sein muß. Daher findet man wenige Lebewesen als Fossilien erhalten.
Selten wurden vollständige Tiere gefunden. In Sibirien und Alaska hat man Mammuts im gefrorenen Boden entdeckt, die seit 25 000 Jahren vollständig eingefroren waren. In Galizien (Polen) wurde ein wollhaariges Nashorn aus der Eiszeit gut erhalten im Asphalt gefunden. In den Steppengebieten Südamerikas waren Reste des mumifizierten Megatheriums in Höhlen erhalten geblieben. Bei jedem dieser Beispiele haben außergewöhnliche Umstände eine Fossilisation ermöglicht: Kälte, chemische Einflüsse und Trockenheit.

Blattabdruck in Kohle

Abdruck der
Haut eines
Dinosauriers
im Sandstein

Insekt, in Bern-
stein
eingebettet

Die Weichteile sind selten vollständig entdeckt worden,
jedoch sind Außenskelette und die zarten Gliedmaßen der
Insekten im Bernstein konserviert worden, der das fossile
Harz alter Nadelbäume ist. Blätter und kleine zarte Meerestiere, welche in Schlamm eingebettet waren, der später in
Schiefer umgewandelt wurde, haben oft ein feines Kohle-
häutchen zurückgelassen, das ihre ursprüngliche Form und
die feinsten Einzelheiten ihrer Struktur erkennen läßt. Man
kann hier auch die Hautabdrücke von Dinosauriern im Sandstein von West-Kanada anführen.
Die Hartteile sind ohne oder fast ohne eine Veränderung erhalten. Man hat Zähne von Haifischen und Säugetieren und
sogar kleine Kiefer von alten, marinen Würmern entdeckt.
Die Knochen können erhalten sein, aber oft sind sie durch
Mineralsubstanzen umgewandelt. Die Muschelschalen blei-
ben meistens unverändert, und in gewissen Ablagerungen
von Torf oder Steinkohle sind Zweige und Baumstümpfe erhalten geblieben.

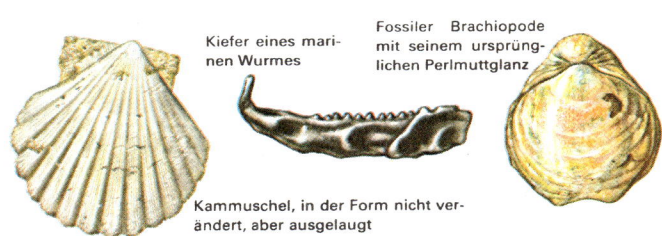

Kiefer eines mari-
nen Wurmes

Fossiler Brachiopode
mit seinem ursprüng-
lichen Perlmuttglanz

Kammuschel, in der Form nicht verändert, aber ausgelaugt

Versteinerter Wald, Arizona

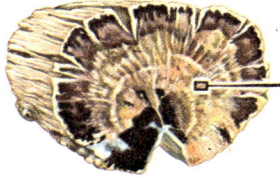

Querschnitt durch versteinertes Holz

Vergrößerter Ausschnitt, die Zellen zeigend

Die Veränderung der durch Fossilisation erhaltenen Hartteile ist häufig. Das fließende Wasser löst die chemischen Substanzen der Muschelschalen und der Knochen, welche leicht und schwammig werden. Sehr oft werden die gelösten Substanzen dann durch andere ersetzt. Kieselsäure, Kalk und Eisenverbindungen lagern sich häufig in Fossilien ab. Bisweilen konserviert dieser Ersatz vollständig die Struktur der Pflanzen oder des Tieres.

In gewissen versteinerten Hölzern hat die Kieselsäure die ursprünglichen Strukturen so vollständig ersetzt, daß die Zeilen der Jahresringe des Dickenwachstums klar sichtbar sind. In den meisten versteinerten und imprägnierten Fossilien ist der Ersatz jedoch unvollständig, und nur die Hauptform ist erhalten.

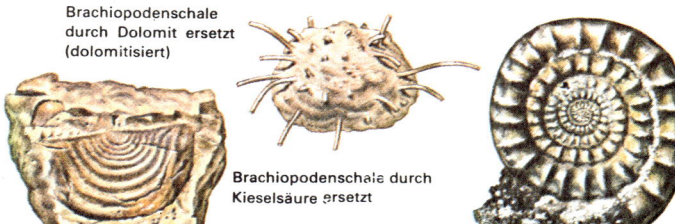

Brachiopodenschale durch Dolomit ersetzt (dolomitisiert)

Brachiopodenschale durch Kieselsäure ersetzt

Ammonitenschale durch Pyrit ersetzt

1. Das Tier stirbt und seine Schale wird im Sand eingebettet.

2. Der Sand wird hart und zu Stein umgewandelt

3. Die Substanz der Muschelschale löst sich, die Innenseite der Höhlung stellt die Form dar.

4. Die gelösten chemischen Substanzen füllen die Form und ergeben einen Abdruck.

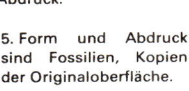

5. Form und Abdruck sind Fossilien, Kopien der Originaloberfläche.

Die Formen und Abdrücke. Knochen, Muschelschalen und andere Spuren sind nicht die einzigen bekannten Fossilien. Das ganze Original-Pflanzen- und Tiermaterial kann zum Beispiel zerstört und weggelöst werden, so daß nur noch eine Höhlung bleibt, deren Innenwand die natürliche Form des Fossils zeigt. In der Folgezeit können dann gelöste Substanzen die Höhlung ausfüllen und so einen natürlichen Abdruck des Originals ergeben. Auch Eindrücke eines Fußes oder andere Tierspuren können erhärten und eine Form ergeben. Bei Ausfüllung mit frischem Schlamm bildet sich gelegentlich ein Abdruck, der erhalten geblieben sein kann. Man kennt solche Beispiele im roten Sandstein der Trias.

Fußabdrücke eines Dinosaurus im triasischen Sandstein des Tales von Connecticut

Bohrgänge von Wurmern

Dinosaurus-Magensteine

Koprolith

Handaxt des Aurignac-Menschen

steinzeitlicher Schaber

Andere Typen von Fossilien umfassen Formen, die ebenfalls Zeugen vergangenen Lebens sind.

Die Bohrungen bestimmter Würmer in Weichtierschalen zeigen, daß solche Tiere vor Millionen von Jahren gelebt haben müssen. Man beobachtet bisweilen solche Durchlöcherungen auch im versteinerten Holz.

Die Gastrolithen (Magensteine) sind kleine, glatte abgerundete Fladen, die man bisweilen in der Magenhöhle von Dinosauriern gefunden hat. Diese Steine spielten wahrscheinlich dieselbe Rolle, wie die Sandkörner im Magen der Hühner.

Die Koprolithen sind fossile Exkremente und liefern Hinweise auf die Nahrungszusammensetzung ausgestorbener Tiere. Diese Fossilien haben das Aussehen von Konkretionen und sind im allgemeinen mit den Resten von Landtieren vergesellschaftet, die im Laufe der letzten 50 Millionen Jahre gelebt haben.

Die menschlichen Handwerkzeuge sind Werkzeuge oder Waffen prähistorischer Menschen. Man findet sie in zahlreichen Regionen der Erde, und die ältesten wurden in Gesellschaft von Knochen ausgestorbener Tiere gefunden. Die ersten steinzeitlichen Werkzeuge waren grob. In der Folgezeit findet man dann feingeschnittenere und polierte Werkzeuge.

Die Sediment-Gesteine enthalten fast die gesamten bekannten Fossilien. Diese Gesteine sind aus Sedimenten gebildet (Mergel, Sand und Ton), mechanisch oder chemisch abgelagert oder durch Organismen im Meer, in Seen, Grotten, Wüsten oder Flußtälern gebildet.

Grand-Canyon-Schichten

Die Anordnung in Schichten oder Lagern ist charakteristisch für Sedimentgesteine. Die zuunterst gelagerten sind natürlich die ältesten. Indessen sind nicht alle Sedimente regelmäßig gelagert.

Kalkstein

Die Kalksteine, grundsätzlich als Calciumkarbonat gebildet, sind in warmen Flachseen entstanden und schließen oft Fossilien ein.

Die Schiefergesteine mit feinem Korn sind aus Schlamm und Ton entstanden und konservieren Fossilien besonders gut.

Schiefer

Die Sandsteine sind sehr stark in den Formationen der Wüstenregionen und in den Sedimenten der Flachwässer verbreitet.

Sandstein

Die Rippel-Marken und **die Trockenrisse** charakterisieren zahlreiche Sedimentgesteine der flachen Meere und Gewässer. Die Rippel-Marken sind häufig im Sandstein.

Wellenfurchen (Rippel-Marken)

Die Trockenrisse bilden sich durch Austrocknen des Schlammes bei Sonne, Wasser und gemäßigter Temperatur, Bedingungen also, die das Leben überhaupt erst ermöglichen.

Trockenrisse

Die Sedimentgesteine, oft reich an Fossilien, sind über die ganze Oberfläche der Erde verbreitet. An zahlreichen Orten sind sie jedoch durch den Erdboden oder glaziale Ablagerungen verdeckt, oder die fossilführenden Schichten liegen tief unter den anderen Gesteinsschichten. Die Suche nach Fossilien ist daher auf Orte beschränkt, wo die Sedimentgesteine an der Oberfläche erscheinen, also bei Klippen, Flußufern, Gräben und Steinbrüchen.

Die Tatsache, daß man Fossilien nur in Sedimentgesteinen findet, ist kein Zufall. Andere Gesteine waren Kräften oder Bedingungen unterworfen, die die Fossilien leicht zerstörten.

Die sedimentären Formationen haben sich im Laufe von 600 Millionen Jahren abgelagert. Kleine lokale Ablagerungen von Sedimentgesteinen finden sich auch im Bereich der vulkanischen und metamorphen Gesteine.

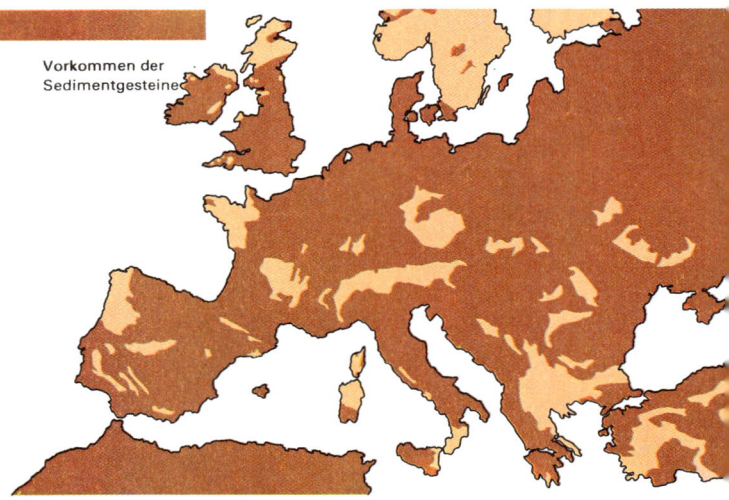

Vorkommen der Sedimentgesteine

Fossiler Knochenfisch aus der Eozänformation des Green River in Wyoming

Die Vorgänge der Zerstörung erzeugen die Sedimente, die in der Folgezeit die Sedimentgesteine bilden. Die Kräfte der Zerstörung (Erosion) sind Regenfälle, Verdunstung, fließendes Wasser, Abtragungen usw. Der oben abgebildete fossile Fisch beweist nicht nur die Existenz seiner Gruppe in einer fernen Epoche, sondern zeigt auch, daß die Bedingungen in dem See, in dem er lebte, wenig verschieden von denjenigen waren, die man heute in zahlreichen Gegenden findet. Dieses Fossil und auch andere beweisen augenscheinlich, daß grundlegende physikalische Bedingungen, die heute das Leben möglich machen, nicht nur vor 50 Millionen Jahren existierten, sondern'wahrscheinlich auch schon vor ungefähr 250 Millionen Jahren. Jedes Fossil, selbst das gewöhnlichste, erzählt die dramatische Geschichte von der Umwandlung der Erdoberfläche während der Entwicklung des Lebens.

Konkretion

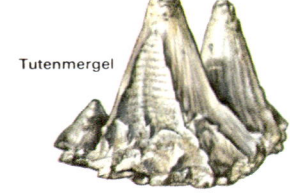

Tutenmergel

Septarie (ein Deformationsvorgang durch Quellungsdruck) -

Pseudofossilien, die oft die äußere Gestalt eines Fossils annehmen, aber nicht ihre Feinstruktur zeigen.

Dolomitisierte «Pseudokorallen»

Die Pseudofossilien sind Gesteinsstrukturen, die Fossilien ähneln; sie können oft das Aussehen von Pflanzen oder Tieren haben. Ein Geologe erkennt im allgemeinen ein Pseudofossil unmittelbar, aber ein Amateur kann sich täuschen. Die Pseudofossilien ähneln den Fossilien nur in der äußeren Form, aber sie haben niemals die Strukturen der Einzelheiten. Sie können in unwahrscheinlichen Zusammenhängen vorkommen, wie zum Beispiel ein Fußabdruck im Gestein einer Zeit, in der überhaupt noch kein Lebewesen auf dem Land existierte.

Die Pseudofossilien bilden sich auf verschiedene Art. Einige sind Bruchstücke durch das Wasser veränderter Gesteine. Die Konkretionen, die sich im Sedimentgestein zeigen, können ein Fossil enthalten, jedoch die meisten enthalten nichts. Diese Konkretionen, im allgemeinen härter als das sie einschließende Gestein, findet man oft frei auf der Erdoberfläche. Gewisse Mineralausscheidungen bilden Erscheinungen wie die Dendriten oder «Farnkräuter».

Dendriten von Manganerz auf Dolomit

Moos-Achat
(poliert)

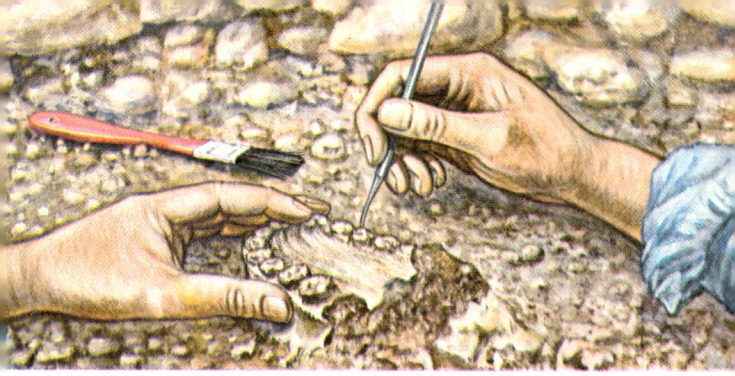

Die seltensten Fossilien sind diejenigen, die von Menschen stammen. Dieser Kiefer, 1961 in Afrika ausgegraben, kann dazu führen, den Ursprung des Menschen oder des Vormenschen, der Werkzeuge gebrauchte, bis auf 1 750 000 Jahre zurückzudatieren (Steinzeitmensch).

Sammeln und Bestimmen der Fossilien

Das Sammeln und das Studium der Fossilien ist sowohl ein interessantes Hobby als auch eine sehr wichtige Wissenschaft. Die Paläontologie hat erst im Laufe der letzten zwei Jahrhunderte einen anerkannten Rang unter den Wissenschaften eingenommen. Amateure jedoch haben Fossilien schon seit viel längerer Zeit gesammelt und studiert. Sehr wichtige Entdeckungen sind ihnen zu danken.
Solange der Erdboden nicht mit Schnee bedeckt ist, kann das Sammeln von Fossilien während des ganzen Jahres ausgeübt werden. Kein anderes Hobby vermittelt einen so weiten Überblick über Raum und Zeit. Das Studium der Fossilien kennt immer noch ungelöste Probleme, die ein ernsthafter Sammler mit einiger Aussicht auf Erfolg lösen kann. Er wird übrigens ein besseres Verständnis für die Fossilien bekommen, wenn er sich gleichzeitig auch mit den lebenden Pflanzen und Tieren beschäftigt.

1. Diplodocus,
170 Mill. Jahre
Die Fossilien erlauben die Rekon-
struktion des Lebens der Vergan-
genheit.
Sie gestatten den Gelehrten, mit
Genauigkeit Arten von Pflanzen und
Tieren zu beschreiben, die seit langer Zeit ausgestorben sind.

2. Nordamerika
vor ungefähr
500 Mill. Jahren
Die Fossilien führen zu geographi-
schen Rekonstruktionen (Paläogeo-
graphie)
Sie zeigen die Lage der alten
Ozeane und Kontinente und ihre
Veränderungen an.

Warum Fossilien sammeln? Viele Leute sammeln einfach
zum Vergnügen. Die Schichten der Sedimentgesteine offen-
baren wie Seiten eines gigantischen Buches die lange und
dramatische Geschichte unseres Erdballes. Ereignisse von
vor 50, 100 oder 500 Millionen Jahren werden vorstellbar,
weil die Fossilien es erlauben, einen klaren Zusammenhang
mit den vergangenen Zeitaltern herzustellen.
Die Rekonstruktion vergangener Pflanzen- und Tierformen
ist dank der Fossilien möglich geworden, und die ständige
Fortentwicklung des Lebens wird erkennbar. Ohne den Beweis der Fossilien würde die Evolutionstheorie noch immer
nicht anerkannt sein. Fossilien helfen die Frage zu beantwor-
ten, ob Sedimente in Flachmeeren, Tiefseen, Flüssen, Sümpfen oder Meeren entstanden sind. Sie sind der Schlüssel zur
Geographie und Ökologie der Vergangenheit und zeigen,
wie sich die Meere und Kontinente verändert haben. Fossilien beweisen, daß Alaska einstmals mit Sibirien und Australien mit Malaya verbunden waren. Die Verteilung der Flach-
wasser-Mollusken hilft, die alten Strandlinien zu rekonstruieren.

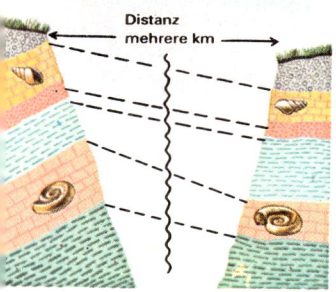

Distanz mehrere km

Die **Leitfossilien** helfen, die zeitlichen Beziehungen zwischen Gesteinen entfernter Regionen festzustellen.

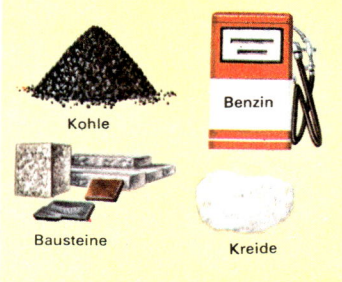

Kohle

Benzin

Bausteine

Kreide

2. Gewisse Fossilien stellen natürliche Hilfsquellen dar.
Fossilien sind der Ursprung von Kohle, Erdöl, Kreide, Phosphaten und Bausteinen.

Die Fossilien sind – außer daß sie geographische Zusammenhänge anzeigen – auch der Schlüssel zur Erkenntnis vergangener Klimaverhältnisse. Fossile Korallen zeigen an, daß ein warmes, flaches Meer einstmals den größten Teil von England bedeckte, und fossile Pflanzen deuten darauf hin, daß die Klimate der Antarktis und Grönlands einstmals mild waren.

Die Fossilien, deren zeitliche Ausdehnung begrenzt ist, charakterisieren deutlich die entsprechenden Gesteinsschichten. Es sind die Leitfossilien, und ihre Anwesenheit in Schichten von mehreren Kilometern Länge beweist, daß diese Schichten zur gleichen Zeitepoche gebildet worden sind.

Um die Wechselbeziehungen der Schichten festzulegen, ist die Verwendung der Fossilien für die geologische Kartographie und eine Lokalisierung von Mineral-Lagerstätten sehr wichtig. Fossilien selbst oder fossilführende Gesteine können natürliche Hilfsquellen von unschätzbarem Wert sein. Fast alle unsere Brennstoffe sind Fossilien. Kohle und Erdöl wurden aus den Resten fossiler Pflanzen und Tiere gebildet. Mikrofossilien dienen als Filtersubstanz (Kieselgur), als Füllmaterial, zum Polieren und zu vielen anderen Zwecken. Einige Phosphatlagerstätten sind mit großen Ablagerungen von fossilen Knochen vergesellschaftet. Bernstein und Gagat (Pechkohle) sind Fossilien, die als Schmuck Verwendung finden.

Steinsammler in einem Steinbruch

Das Studium der Fossilien beginnt damit, daß man sich ein Fossil beschafft. Wenn wir die Erde als Ganzes betrachten, sind Fossilien überaus selten. Viele wurden unter den Meeren begraben. Andere sind von Wäldern, Prärien, Sümpfen, Wüsten, Erdreich und Gesteinstrümmern zugedeckt. Trotz allem sind Fossilien leicht zu entdecken. In Sedimentgesteinen sind sie hauptsächlich enthalten. Bisweilen findet man sie aber auch in Ablagerungen vulkanischer Asche oder sogar in Lava, doch das ist relativ selten.
Sedimentgesteine (hauptsächlich Sandstein, Schiefer und Kalkstein) sind sehr verbreitet, aber nicht alle sind fossilführend. Die in diesem Buch enthaltenen Karten zeigen an, wo solche Sedimente freigelegt sind.
Im allgemeinen sind die frisch anstehenden Schichten am besten zum Sammeln. Gute Fundorte sind Straßengräben, Eisenbahndämme, die Halden der Bergwerke und Steinbrüche. Aber auch Klippen und Flußufer, die Vorgebirge und andere, natürlich anstehende Schichten können ergiebig sein.

Die Handwerkzeuge, die für das Sammeln der Fossilien benötigt werden, sind dieselben, die auch jeder Steinsammler benützt. Ein Geologen-, Pflasterer- oder Maurerhammer ist notwendig, ebenso ein Rucksack oder eine Schultertasche zum Tragen der Fundstücke. Fossilien sind oft zerbrechlich. Nehmen Sie deshalb alte Zeitungen mit, und packen Sie jedes Fossil sofort nach dem Auffinden gesondert ein. Legen Sie jedem Stück ein Etikett oder einen Zettel bei, auf dem Fundort, Formation, Datum und der Name des Fossils verzeichnet sind.

Zwei Meißel, ein großer und ein kleiner, sind zum Herauspräparieren der Fossilien notwendig, denn der Hammer ist oft ungenügend. Eine kleine Schaufel und eine Brechstange aus Stahl können gleichfalls von Nutzen sein. Wanderkarten, topographische Karten oder manchmal sogar detaillierte geologische Karten werden benötigt, um etwaige Fundstücke zu lokalisieren. Außerdem muß man eine Lupe haben (Vergrößerung 5- – 10fach). Kompaß, Verbandskästchen, Proviant und Getränke gehören selbstverständlich zu jeder Ausrüstung.

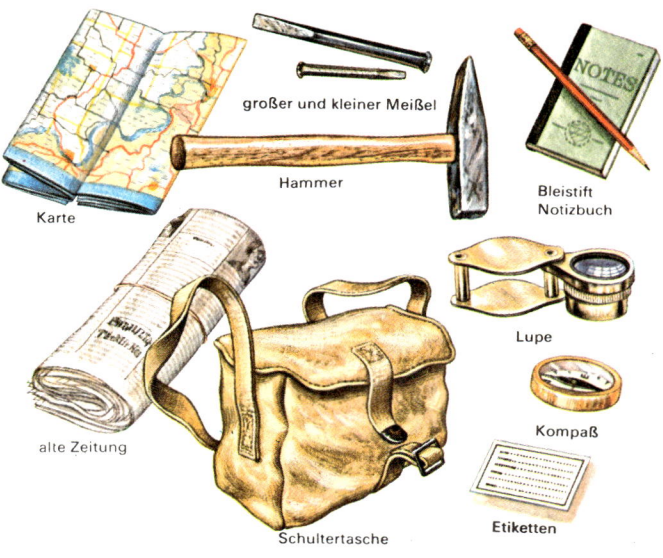

großer und kleiner Meißel

Hammer

Bleistift
Notizbuch

Karte

Lupe

Kompaß

alte Zeitung

Etiketten

Schultertasche

Wie sammelt man? Nehmen Sie sich Zeit, die Gegend genau zu untersuchen. Suchen Sie die Oberflächen von Gesteinen ab, wo oft durch Wassereinfluß Fossilien zum Vorschein kommen. Die so herausgewitterten Objekte sind leicht zu sammeln und können in ausgezeichnetem Zustand sein. Drehen Sie die Gesteinsstücke um und beobachten Sie alle Seiten. Brechen Sie Konkretionen heraus, wenn Sie welche finden. Falls Sie auf Knochen von Säugetieren oder andere Fossilien stoßen, die Ihnen sehr selten erscheinen, berühren Sie sie möglichst nicht, sondern erbitten Sie die Hilfe eines Fachmannes. Fossilien von unschätzbarem Wert sind schon durch ungeschicktes Freilegen vernichtet worden.

Präparation und Reinigung der gesammelten Proben nimmt man am besten zu Hause vor. Die Feinarbeit der Freilegung und Reinigung ist bequemer auf einem festen Tisch auszuführen, bei guter Beleuchtung und mit Hilfe der entsprechenden Werkzeuge. Alte zahnärztliche Instrumente sind für diesen Zweck ausgezeichnet. Kleine Bohrer und Polierer machen die Aufgabe leicht. Bei Knochen und anderen zarten Fossilien ist es notwendig, sie durch eine Schellackschicht zu schützen, um so zu vermeiden, daß die Objekte zerbröckeln oder beschädigt werden.

Die Bestimmung der Proben und die Zusammenstellung der Sammlung sind die letzten Arbeitsgänge. Zur Bestimmung müssen regionale paläontologische Bücher befragt werden. Suchen Sie hierbei Hilfe von Geologen der Universitäten und Museen. Diese Spezialisten sind gewöhnlich froh darüber, einem Amateur helfen zu können. Setzen Sie einen Tropfen Emaillelack auf jede Probe, und schreiben Sie darauf mit schwarzer Tusche eine Nummer. Übertragen Sie diese Nummer ebenso wie den Namen, den Fundort, das Datum und andere Bemerkungen auf einen Zettel und gleichfalls in einen besonderen Katalog. Die Fossilien können in Schubladen von verschiedener Größe aufbewahrt werden. Legen Sie das jeweilige Etikett in der Schublade unter das dazugehörige Fossil. Bewahren Sie kleine Fundstücke in Röhrchen auf. Wenn es Ihnen im Laufe der Zeit gelungen ist, eine größere Sammlung zu schaffen, werden Vitrinen oder Schränke mit flachen Kästen nützlich sein.

Die Karten
Straßenkarten. Beschaffen Sie sich von Ihrer näheren und weiteren Umgebung verschiedene Typen von Karten. Führen Sie sie mit sich, und markieren Sie die kleinen Wege, die nicht eingezeichnet sind. Behalten Sie eine Kartenserie zu Hause, um Eintragungen zu machen, und nehmen Sie eine zweite Serie mit ins Gelände.

Topographische Karten 1 : 100 000 und
Meßtischblätter 1 : 25 000, in denen alle Einzelheiten (Wald, Wiese usw.) sowie auch Halden und Steinbrüche verzeichnet sind.

Geologische Karten, herausgegeben von den geologischen Landesanstalten, geben besonders über die einzelnen geologischen Formationen und ihre Lage im Gelände gute Informationen.

Geologische Führer sind ebenfalls durch die geologischen Landesämter zu erhalten und stellen eine gute Hilfe für das Auffinden und Sammeln von Fossilien dar.

Weiterführende Literatur aus dem Delphin Verlag
Siegfried Rietschel, Geschichte der Erde, Delphin-Naturbücherei, Bd. 13, Delphin Verlag, Stuttgart und Zürich, 1971.
Barry Cox, Tiere der Vorgeschichte, Delphin Taschenbücher in Farbe, Bd. 1, Delphin Verlag, Stuttgart und Zürich, 1970.
Michael H. Day, Der Mensch der Vorgeschichte, Delphin Taschenbücher in Farbe, Bd. 3, Delphin Verlag, Stuttgart und Zürich, 1970.
R. W. Burnett, H. I. Fischer und Herbert S. Zim, Tierkunde, Bunte Delphin-Bücherei, Bd. 5, Delphin Verlag, Stuttgart und Zürich, 4. Auflage, 1971.

Studium der Fossilien in einem Museum

Museen und Ausstellungen zeigen Ihnen ausgezeichnet erhaltene Fundstücke und vermitteln Ihnen die Kenntnis von Fossilien, die Sie in Ihrer Heimat nicht finden können. Präparatoren und Wissenschaftler versuchen dort in mühevoller Kleinarbeit und mit Einsatz von röntgenologischen Apparaten, die Fossilien in ihrem Zusammenhang zu präparieren und aufzustellen. Unter Ergänzung fehlender Teile entsteht so ein exaktes Bild von Tieren und Pflanzen, die vor Millionen von Jahren gestorben sind.

Wichtige Sammlungen und Museen
Basel – Naturhistorisches Museum, Augustinergasse 2
Bochum – Geologisches Museum des Ruhrbergbaues, Herner Str. 45 (mo bis fr 9–16 Uhr, sa u. so 9–13 Uhr)
Frankfurt/Main – Senckenberg-Museum, Senckenberg-Anlage 25 (mo, di, do 9-16 Uhr, mi, sa so 9-20 Uhr)
Heidelberg – Geologisch-paläontologische Sammlung der Universität, Hauptstr. 52 (mo bis fr vormittags)
München – Bayerische Staatssammlung für Paläontologie und historische Geologie, München 2, Richard-Wagner-Str. 10 II (mo bis fr 6.45-19.30 Uhr)
Ostberlin – Naturkundemuseum (Institute tur Geologie und für Paläontologie der Humboldtuniversität), Berlin N 4, Invalidenstr. 43 (di u. so 10–14 Uhr, mi u. do 15–19 Uhr)
Tübingen – Institut und Museum für Geologie und Paläontologie der Universität, Sigwartstr. 10
Wien – Naturhistorisches Museum, Wien I, Burgring 7
Zürich – Paläontologisches Institut und Museum der Universität, Künstlergasse 16

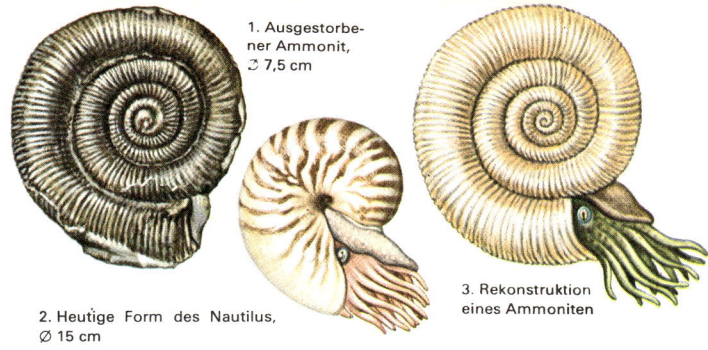

1. Ausgestorbe-
ner Ammonit,
↻ 7,5 cm

2. Heutige Form des Nautilus,
∅ 15 cm

3. Rekonstruktion
eines Ammoniten

Das Leben in der Vergangenheit

Fossilien sind fast immer unvollständig. Ein fossiles Pferd kann zum Beispiel an seinem Schädel und an einigen Knochen erkannt werden. Von einem fossilen Mollusken mag nur die Schale übriggeblieben sein, und ein fossiler Baum ist vielleicht durch Bruchstücke von Stamm und Blättern repräsentiert. Dennoch sind solche Pflanzen und Tiere auf wissenschaftlicher Basis vollständig rekonstruiert worden, indem man heute lebende Formen als Schlüssel zur Rekonstruktion verwendete.

Um Fossilien zu erkennen und einordnen zu können, ist ein Studium der lebenden Pflanzen und Tiere unentbehrlich. Die Ammoniten sind seit 70 Millionen Jahren ausgestorben, aber ihre Gehäuse sind denen des heute lebenden Nautilus sehr ähnlich. Die Geologen nehmen an, dass auch ihre Weichteile ähnlich gewesen sein müssen und entwerfen dementsprechende Rekonstruktionen.

Ein Vergleich großer fossiler Wirbeltiere mit dem Skelett und den Muskeln heute lebender Arten gibt Hinweise auf deren Körperaufbau. Lebende Pflanzen helfen uns, Pflanzen kennenzulernen, von denen wir nur fossile Bruchstücke besitzen. Solche Rekonstruktionen ermöglichen in Verbindung mit anderen geologischen Informationen die genaue Darstellung eines urweltlichen Tieres und seiner Umwelt. Die Technik der Rekonstruktion zeigt, wie der Mensch mit wissenschaftlichen Arbeitsmethoden den Raum seiner Erkenntnis und seiner Erfahrung ständig erweitern kann.

Aus der Geschwindigkeit der Ablagerung rezenter Sedimente wissen die Geologen, daß eine sehr lange Zeitspanne notwendig war, um die Sedimentgesteine zu bilden, die im Durchschnitt eine Mächtigkeit von 120 km besitzen.

Die Zeitschätzung ist indessen ungenau, denn im Laufe langer Zeiträume hat die Erosion Sedimente verändert oder weggenommen. Trotz dieser Schwierigkeiten zeigt das Studium der fossilführenden Sedimente, daß sie sich in drei große Perioden aufteilen, die sich ihrerseits wieder in zwölf geologische Zeiträume gliedern, die ebenfalls mehrmals gleichmäßig unterteilt sind. Wir wissen, daß diese Reihe bis ungefähr 600 Millionen Jahre zurückgeht und eine relative Altersbestimmung der Fossilien erlaubt.

Geologische «Uhr»

Der große Kreis stellt nur die letzten 600 Mill. Jahre dar. Jede «Stunde» entspricht also 50 Mill. Jahren.

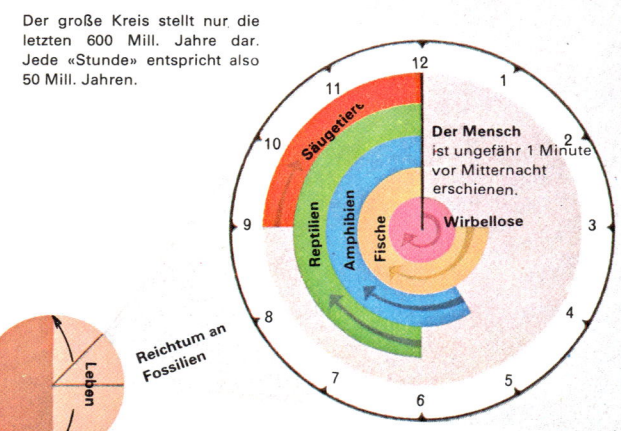

Der Mensch ist ungefähr 1 Minute vor Mitternacht erschienen.

Wirbellose

Säugetiere

Reptilien

Amphibien

Fische

Reichtum an Fossilien

Leben

Der kleine Kreis stellt das Alter der Erde dar (ungefähr 5 Milliarden Jahre). Das Leben existiert seit ungefähr der Hälfte dieser Zeit, und der kleine Sektor stellt 600 Mill. Jahre dar, die Periode, aus der die meisten Fossilien stammen.

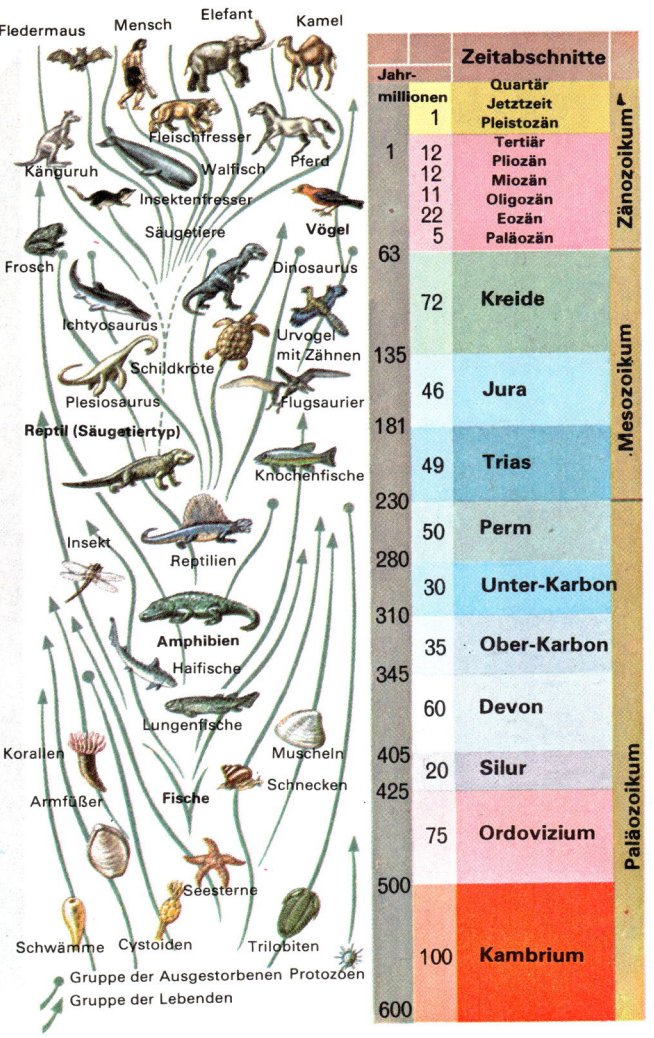

Jahr-millionen		Zeitabschnitte	
	1	Quartär Jetztzeit Pleistozän	Zänozoikum
1	12 12 11 22 5	Tertiär Pliozän Miozän Oligozän Eozän Paläozän	
63	72	Kreide	Mesozoikum
135	46	Jura	
181	49	Trias	
230	50	Perm	Paläozoikum
280	30	Unter-Karbon	
310	35	Ober-Karbon	
345	60	Devon	
405	20	Silur	
425	75	Ordovizium	
500	100	Kambrium	
600			

Fledermaus
Mensch
Elefant
Kamel
Fleischfresser
Känguruh
Walfisch
Pferd
Insektenfresser
Säugetiere
Vögel
Frosch
Dinosaurus
Ichtyosaurus
Urvogel mit Zähnen
Schildkröte
Plesiosaurus
Flugsaurier
Reptil (Säugetiertyp)
Knochenfische
Insekt
Reptilien
Amphibien
Haifische
Lungenfische
Korallen
Muscheln
Schnecken
Armfüßer
Fische
Seesterne
Schwämme
Cystoiden
Trilobiten
Protozoen

• Gruppe der Ausgestorbenen
↗ Gruppe der Lebenden

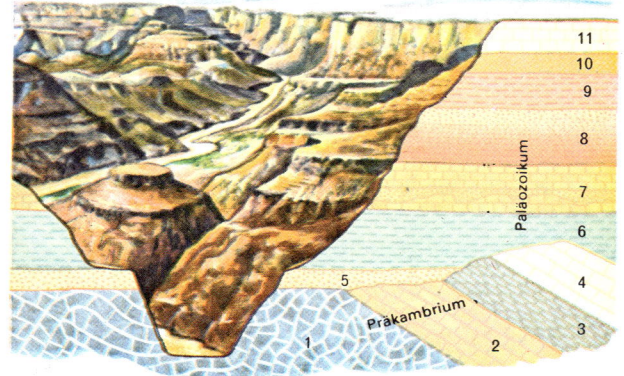

Grand Canyon von Colorado

Die Gesteinsschichten sind hier in einem Querschnittsbild dargestellt, in dem die Zeitstufen numeriert sind. Die niedrigsten Zahlen stellen die ältesten Schichten dar. Mehr als 1½ Milliarden Jahre Zeitgeschichte sind hier registriert.

Die geologische Zeit ist die vierte Dimension der Naturgeschichte. Ohne sie können die Gegenstände und Ereignisse nicht in ihren Zusammenhang gebracht werden. Nur die unfaßbare Dauer der geologischen Zeiträume kann die großen Veränderungen des Lebens auf der Erde und der Erde selbst erklären. Die Entwicklung einer zuverlässigen Skala der geologischen Zeit ist eine der größten Taten des menschlichen Geistes. Man erforschte zuerst die obersten der in horizontalen Schichten abgelagerten Sedimentgesteine und stellte die Schnelligkeit fest, mit der sie sich in Buchten und Becken ablagerten.

Die einfache Beobachtung, daß sich jüngere Schichten über den älteren bilden, wurde dann der erste Schritt zur Feststellung der langen geologischen Zeitskala. Studien zeigen, daß die Erde eine weitausgedehnte Folge von Sedimentgesteinen einschließt, welche meist charakteristische Fossilien enthalten, die man auch dann noch erkennen und zueinander ordnen kann, wenn die Schichten gekippt, gefaltet oder zerbrochen sind.

Man kennt heute Möglichkeiten, das Alter von Gesteinen und Fossilien direkt in Jahren zu messen. Eine Methode basiert auf dem Zerfall radioaktiver Elemente. Diese Elemente besitzen einen unstabilen Atomkern, der beständig zerfällt und dabei meßbare Mengen eines stabileren Elementes bildet. So zerfällt zum Beispiel Uran in sehr langen Zeiträumen zu Blei und Helium. Ein Gramm Uran ergibt in einer Million Jahre 0,007 g Blei. Ein Chemiker, der diese Umwandlung in einem Gestein mißt, kann also dessen genaues Alter bestimmen. Wenn sich Uranmineralien in einem Gestein befinden, das gleichzeitig Fossilien enthält, läßt sich auch das Alter der Fossilien ableiten. Durch diese Bestimmungsmethode und ähnliche mit Thorium, Rubidium, Kalium und Kohlenstoff wird die geologische Zeitskala von Jahr zu Jahr sicherer.
Außerirdische Faktoren (zum Beispiel Meteoriten) oder unsere Kenntnisse von der Bildung des Sonnensystems, deuten auf ein Erdalter von 4–5 Milliarden Jahre hin. 2500 Millionen Jahre alte Fossilien sind bereits entdeckt worden. Die meisten Fossilien stammen allerdings erst aus einer Zeit vor 600 Millionen Jahren und später.

Umwandlung von Uran in Blei
Dieses vereinfachte Diagramm zeigt, wie Uran 238 sich in verschiedene Isotope verwandelt und schließlich zu Blei 206 wird.

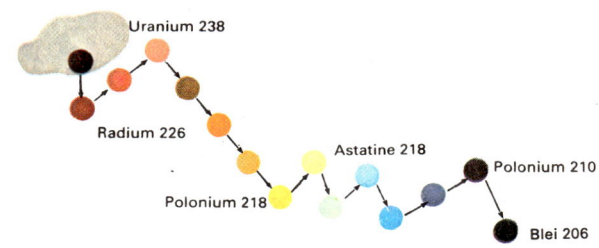

Uranium 238

Radium 226

Polonium 218

Astatine 218

Polonium 210

Blei 206

Collenia,
Kalkalge aus dem Präkambrium

Das Präkambrium stellt eine weitausgedehnte Periode der Erdgeschichte dar, die der Ablagerung fossilführender Steine vorausging. Es erstreckt sich auf ungefähr 4500 Millionen Jahre, das sind ungefähr 9/10 des gesamten Erdalters. In dieser langen Periode entwickelten sich Land, Meer, Atmosphäre und mit diesen Gegebenheiten auch der Ursprung des Lebens. Man hat aus dieser Periode nur sehr wenige fossile Organismen entdeckt. Die meisten sind Pflanzen. Kalkausscheidende Algen waren in den Meeren der verschiedenen Regionen reichlich vorhanden.

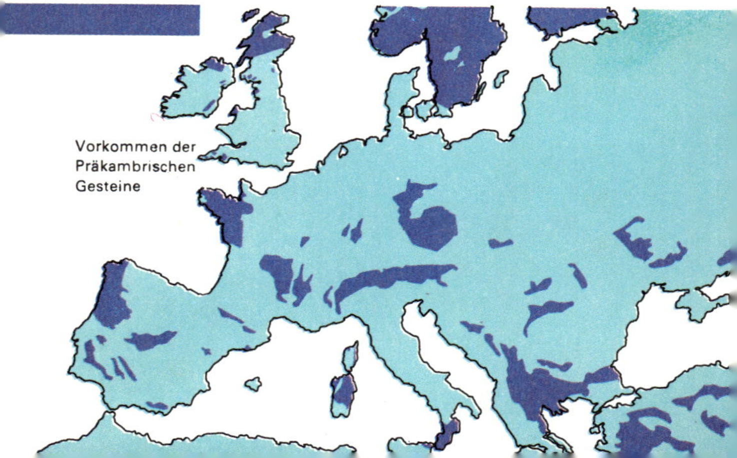

Vorkommen der
Präkambrischen
Gesteine

Vorkommen von Kohle und gewissen Kalkgesteinen des Präkambriums liefern den Beweis der Existenz von Leben. Primitive Wasserpilze und -algen wurden in den Kieselkalken von Ontario gefunden und in den Gesteinen von Minnesota, England und Schottland.

Fossile Tiere des Präkambriums sind selten. Man kennt Spuren tierischen Lebens aus dieser Zeit in Nordamerika. Kürzlich entdeckte Lagerstätten in Australien haben eine weitere Zahl fossiler Tiere geliefert, die wahrscheinlich einen weichen, schwer fossilisierbaren Organismus hatten. Seit Beginn des Kambriums entwickelte eine Anzahl verschiedener Gruppen Hartteile, und so werden Fossilien von dieser Zeit an häufiger.

Die Gesteine des Präkambriums finden sich in allen Teilen der Welt, hauptsächlich in den Schildregionen, welche mehr oder weniger stabil geblieben zu sein scheinen. Die Kontinentalländer des Präkambriums müssen schrecklich trostlos gewesen sein, denn es waren ausschließlich ungeheure nackte Felsen. Das Leben entwickelte sich natürlich nicht dort, sondern in den flachen Meeren. Wenn die Fossilien auch nur wenig über den Ursprung des Lebens und seine frühe Entwicklung aussagen, so vermitteln doch die biochemischen Arbeiten der Laboratorien Erkenntnisse davon, wie sich die ersten organischen Substanzen gebildet haben können.

Fossilien des Oberen Präkambriums von den Ediacara Hills in Südaustralien sind sehr gut erhalten.

Ringelwurm, Spriggina floundersi, 3,5 cm

Wurm, Dickinsonia costata, 6 cm

Meduse, Medusina mawsoni, 2,5 cm

33

Meeresgrund des Mittleren Kambriums, rekonstruiert nach Fundstücken aus Britisch-Columbien: 1. Meduse; 2. Trilobit, Neolenus, 3. Skelettreste; 4. Arachnide, Sidneyia; 5. Crustacee, Marella; 6. Schwamm, Vauxia; 7. Wurm, Miskoia; 8. ungegliederter Armfüßer, Acrothele.

Paläozoisches Zeitalter

Das Kambrium (beginnend vor 600 Millionen Jahren; erste Periode des Paläozoikums) ist genannt nach Wales (lat. Cambria), wo Gesteine aus dieser Periode zuerst studiert wurden. Im Unteren Kambrium erscheinen Fossilien häufig: Algen, Weichtiere, Gliederfüßer, Armfüßer, Schwämme, Hohltiere, Würmer und Stachelhäuter. Alle diese Tiere lebten im Meer und durch verschiedene Merkmale sind sie als primitiv gekennzeichnet. Die Armfüßer zeichnen sich einheitlich durch ihre ungegliederte Form aus (Seite 82) und die Stachelhäuter durch die Edrioasteroiden, die ebenfalls primitive Formen haben. Die meisten der Trilobiten waren von großem Wuchs, aber einige unter ihnen, die Agnostiden und die Eodisciden (Seite 94–96), waren die kleinsten und am wenigsten verzierten. Die ersten Muschelkrebse sind im Unteren Kambrium erschienen. Weichtiere waren hauptsächlich durch winzige Meeresschnecken vertreten. Muscheln (Pelecypoden und Lamellibranchiaten) sind erst aus dem Oberen Kambrium bekannt. Die Algen des Kambriums waren ihren Vorfahren aus dem Präkambrium sehr ähnlich.

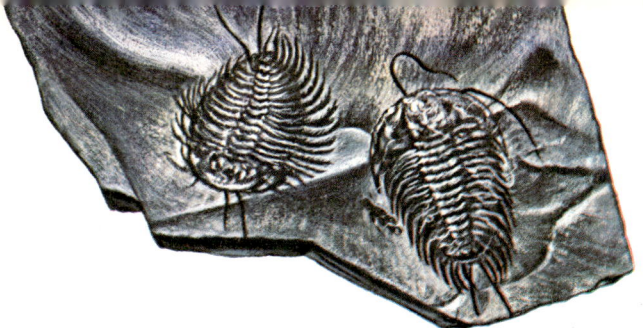

Zwei Trilobiten des Mittleren Kambriums, bemerkenswert gut erhalten (Olenoides), mit Abdrücken der Fühler und Füße (größte Länge 8 cm).

Die Schiefer des Mittleren Kambriums in Britisch-Kolumbien enthalten bemerkenswerte Fossilien, so zum Beispiel Würmer und Seegurken mit weichem Körper. Die Meere, in denen diese Geschöpfe lebten, umfaßten zwei weite Zonen, sogenannte Bodensenkungen oder Geosynklinalen, in Nordamerika. Die Gesteine des Kambriums haben in einigen Teilen der Rocky Mountains eine Mächtigkeit von mehr als 4000 m.

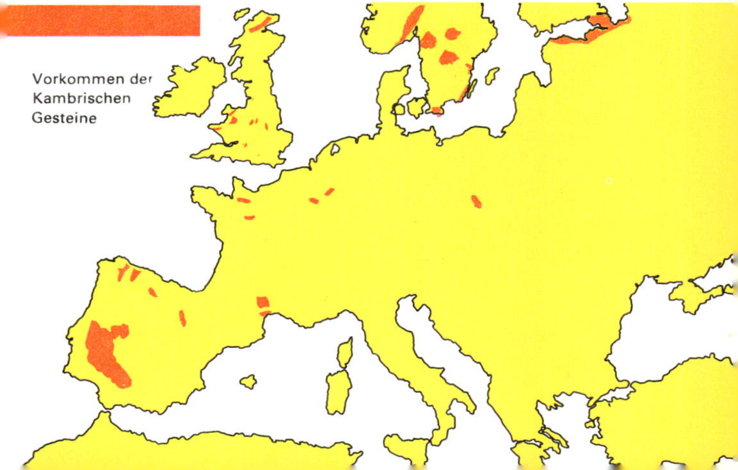

Vorkommen der Kambrischen Gesteine

Lebensbild aus dem Meer des Ordoviziums; Kopffüßer mit geraden Gehäusen: 1. Endoceras; 2. Sactoceras; 3. Dreilapper: Flexicalymene; 4. Armfüßer: Rafinesquina; 5. Rhynchotrema; 6. Korallen: Streptolasma; 7. Favositella; 8. Schnecken: Maclurites; 9. Cyclonema; 10. Muscheln: Byssonychia; 11. Moostierchen: Hallopora.

Ordovizium (vor 500–425 Millionen Jahren). Der Name stammt von einem alten keltischen Volksstamm, den Ordovikern. Diese Periode umfaßt das Erscheinen neuer wichtiger Tiergruppen. Knochenbruchstücke aus dem Mittleren Ordovizium von Colorado in Wyoming beweisen das Auftreten der ältesten Wirbeltiere, allerdings wissen wir noch nicht viel über diese fischähnlichen Geschöpfe. Zum ersten Male erscheinen Tetrakorallen, Graptolithen, Seeigel, Seesterne, Haarsterne und Moostierchen, während die gegliederten Armfüßer viel zahlreicher waren als die ungegliederten (Seite 82). Die meisten Trilobiten wichen von denen des Kambriums ab. Einige Kopffüßer erreichten eine Länge von 4 m.

In Teilen von Europa und Nordamerika bedeckten die ordovizischen Meere Gebiete, die während des Kambriums Land gewesen waren.

Bruchstück des knochigen Panzers eines Panzerfisches (Astraspis), des ältesten bekannten Wirbeltieres. Mittel-Ordovizium von Colorado.

Im östlichen Nordamerika bildeten sich Erhebungen und Gebirge. Nicht alle Gesteine, die in diesen alten Meeren abgelagert wurden, enthalten die gleichen Fossilien. Die Kalksteine und Schiefer der Umgebung von Cincinnati in Ohio enthalten Armfüßer, Korallen, Moostierchen, Weichtiere, wunderbar konservierte Trilobiten und Haarsterne. Schwarze Schiefer der gleichen Zeit, besonders aus den Gebieten von New York, Quebec und Wales, enthalten Graptolithen und einige Trilobiten. In verschiedenen ordovizischen Gegenden waren Tiere befähigt, sich unterschiedlichen Lebensbedingungen anzupassen. Die ausgebreitetsten Ablagerungen erfolgten in kalkigem Flachwasser und schlammigen Formationen, wo man gut erhaltene Fossilien gefunden hat.

Der wiederholte und weitverbreitete Einbruch der ordovizischen Meere in Nordamerika hat ausgedehnte Sedimente erzeugt, die auf dem ganzen Kontinent erscheinen. Ordovizische Sedimente sind heute wichtige Erdölvorkommen, und die Schiefer dieser Periode werden in Steinbrüchen von Vermont abgebaut.

Die Silurperiode (vor 425–405 Millionen Jahren; nach den Siluren, einem alten Volksstamm am Strande von Wales, genannt). Ihre Fauna unterscheidet sich von derjenigen des Ordoviziums durch das Vorkommen neuer Familien und Arten. Das Erscheinen völlig neuer geologischer Gruppen muß verzeichnet werden. In der Tat sind die wichtigsten Neuerscheinungen aber nicht Tiere, sondern Pflanzen. Fossilien der ältesten Landpflanzen stammen aus dem Untersilur von Australien.

Silurisches Korallenriff mit Seelilie Scyphonocrinites; 2. Eucalyptocrinites; 3. Seestern; 4. der Gigantostrake Eurypterus, 20 cm lang; 5. Korallen, Favosites; 6. Halysites; 7. Xylodes; 8. Kopffüßer: Cyrtoceras; 9. Schnecke: Beraunia; 10. Trilobit: Cheirurus.

(Seite 151) Fragmente von wahrscheinlich noch älteren Landpflanzen wurden neuerdings im Ordovizium Polens und im Osten der USA gefunden.

Einige der besten silurischen Fossilien – Algen, Korallen, Stromatoporen, Armfüßer, Seelilien und Trilobiten – stammen von Kalkriffen aus der Umgebung Chikagos. Fossile Eurypteriden ähneln Skorpionen von 3 m Länge und lebten in Sümpfen und Lagunen. Mehrere Typen gut erhaltener Fische finden sich in den Formationen des Obersilurs. Vulkanische Tätigkeit offenbart sich in vielen Gegenden, und in Skandinavien und England findet am Ende der Periode die Gebirgsbildung statt.

Jamoytius, 25 cm langer Agnathen-Panzerfisch mit Schuppen, seitlich stehenden Augen und einem Saugmund.

Birkenia, ein Agnathen-Panzerfisch von ungefähr 10 cm Länge, besitzt weder paarige Flossen noch echte Kiefer. Silur von Schottland.

An anderen Stellen breiten sich Wüsten und Binnenseen aus, in denen Salzlager angehäuft sind, wie zum Beispiel in New York, Ohio und Michigan. Diese Lagerstätten, die heute noch ausgebeutet werden, sind eine wichtige Hilfsquelle für den Salzhandel.

«Anstehendes» von Silurgesteinen ist im Osten von Nordamerika sowie in Großbritannien und Skandinavien nicht selten. Ebenso wie im Ordovizium beweisen die Gesteine und Fossilien des Silur das Vorhandensein von weitausgedehnten, flachen Meeren.

Vorkommen der Silurgesteine

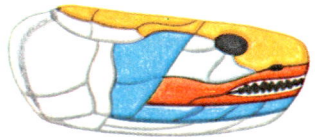

Fische im Devonmeer: 1. Pterichthys, ein Antiarche, und 2. Dinichthys, ein Arthrodire (10 m lang), sind Panzerfische. 3. Die kleinen Urhaie (Cladoselache), 1 m lang, sind Vorfahren der heutigen Haifische.

Das Devon beginnt vor ungefähr 400 Millionen Jahren und endet ungefähr 60 Millionen Jahre später. Während dieser Zeit zeigten Fische und Landpflanzen eine große Ausbreitung, und die ersten Landtiere, primitive Amphibien, erscheinen. Die Fische (Seite 132–138) umfaßten mehrere Gruppen von Agnathen, Ostracodermen, Panzerfischen (Placodermen), Haifischen und die ersten Knochenfische (Osteichthyes). Von einer anderen Fischgruppe, den Crossopterygiern, stammen die Amphibien (Ichthyostegiden) ab. Die Crossopterygier stellen eine Mischung von Fisch und Amphibium dar.
Diese ungewöhnlichen Tiere lebten in einer warmen und

Schädel eines Fisches der Devonzeit, Eusthenopteron, und eines primitiven Amphibiums (Ichthyostega). Die entsprechenden Knochen sind in gleicher Farbe dargestellt. Achten Sie auf die ähnlichen Knochenplatten in beiden Schädeln, aber auch auf die größeren Augen, Nasenlöcher, massiveren Kiefer und das Fehlen der Gehörgangbedeckung in Kopf und Schädel der Amphibien.

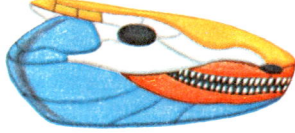

Wald der Devonzeit. 1. Baumfarne, Eospermatopteris; 2. kleine primitive Pflanzen ohne Blätter, Psilophyten; 3. Schachtelhalme, Calamophyten; 4. Bärlapp, Protolepidodendron; 5. das älteste Amphibium, Ichthyostega, 80 cm lang

feuchten Umwelt, und ihre fossilen Reste wurden in den Bergen von Grönland entdeckt.

Die ältesten Spinnen, Tausendfüßer und Insekten erscheinen im Devon, ebenso wie die ersten Süßwassermuscheln. Die ersten einfachen Landpflanzen besaßen weder Wurzeln noch echte Blätter, aber sie hatten schon, wie alle späteren Land-

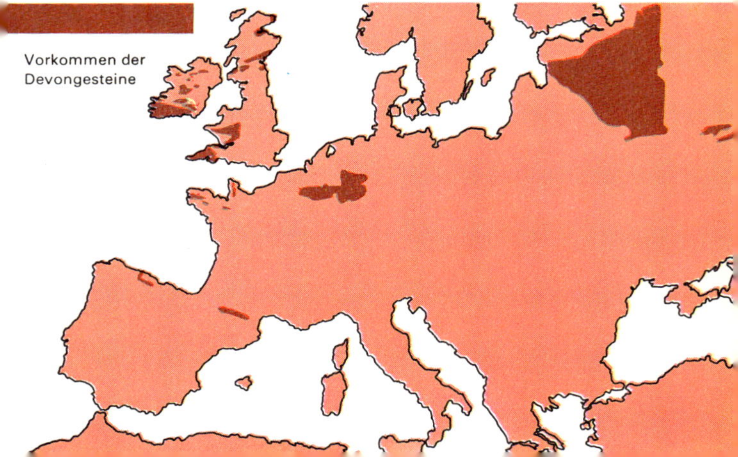

Vorkommen der Devongesteine

Korallenriff der Devonzeit. Korallen: 1. Heliophyllum; 2. Cylindrophyllum;
3. Hexagonaria; 4. Synaptophyllum; 5. Heterophrentis; 6. Pleurodictyum; 7. Cho-
nophyllum; 8. Moostierchen: Fenestrellina; 9. die Armfüßer: Leptaena und
10. Atrypa; 11. Schnecken: Platyceras; 12. Kopffüßer: Michelinoceras; 13. die Trilobiten: Calymene; 14. Anchiopsis; 15. Crinoide: Dolatocrinus

pflanzen, ein Gefäßsystem. Gegen Ende des Devons gab es
große Wälder von Bärlappbäumen und Farnsamern.
Ein Korallenriff des Devons enthielt Einzelkorallen mit Kel-
chen von 60 cm Höhe und Korallenkolonien von 2,5 m
Breite.
Armfüßer und Weichtiere vermehrten sich weiterhin. Die ersten Ammoniten traten in Erscheinung; die echten Graptoli-

Eine Kolonie von Seelilien des Unterkarbons: 1. Cyathocrinites; 2. Taxocrinus; 3. Batocrinus; 4. Barycrinus; 5. Scytalocrinus, und 6. ein Schlangenstern: Onychaster

then waren schon verschwunden, und die Zahl der Trilobiten reduzierte sich beträchtlich. In zahlreichen kontinentalen Zonen häuften sich mächtige Depots von rotem Sand und Schlamm auf.

Das Unterkarbon trägt in Nordamerika den Namen Mississippian, nach der kalkigen Steilküste, die den Mississippi begrenzt. Das Unterkarbon war eine Periode von 35 Millionen Jahren, in der es warme Flachmeere gab, in denen Korallen, Armfüßer, Seelilien, Stachelhäuter, Moostierchen und Foraminiferen lebten.

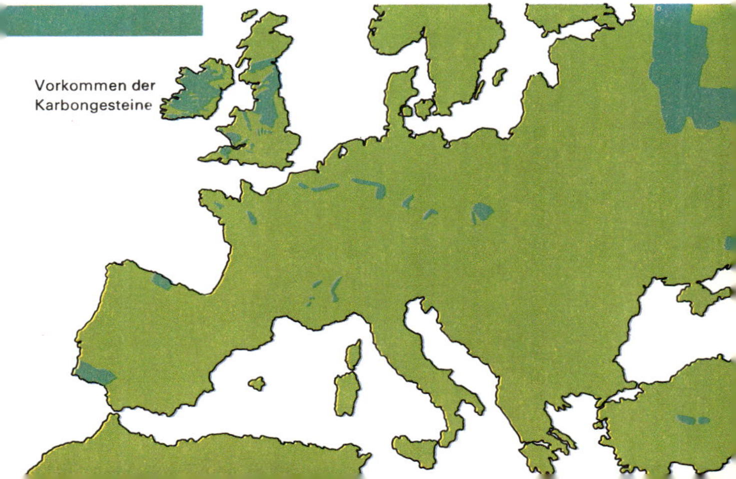

Vorkommen der Karbongesteine

Kohlen-Sumpfwald des Unterkarbons. Die Bäume sind 1. Bärlappgewächse: Sigillaria und 2. Lepidodendron; 3. Calamites; 4. Farnsamer; 5. Cordaites; 6. Amphibien: ein Labyrinthodont und 7. Insekten: die Meganeura mit 75 cm Spannweite.

Auf dem Festland setzten die Amphibien ihre Entwicklung fort, während Landpflanzen sich in allen feuchten Zonen ausbreiteten, wobei sie die großen Kohlensumpfwälder des Unterkarbon bevorzugten. Fast das ganze Nordamerika – mit Ausnahme des Westens und der Ostküste – war während der Unterkarbonzeit von Wasser bedeckt.

Eines der ältesten Reptilien, Tuditanus punctulatus; Oberkarbon von Ohio, 10 cm lang

Das Oberkarbon (30 Millionen Jahre, von 310 Mill.–280 Mill. Jahre reichend) wird in Nordamerika nach dem großen Kohlenbecken von Pennsylvania mit dem Namen Pennsylvanian benannt. In dieser Epoche entwickelten sich Niederungen, große Sümpfe und Flußdeltas, die oft von den Flachmeeren überflutet wurden. Einige Gegenden waren nackte Sandwüsten oder Salzpfannen. Große Bäume von etwa 50 m Höhe bildeten die Kohlenwälder im niedrigen Sumpfland, das oft überflutet wurde. Am meisten verbreitet waren die Schuppenbäume, die Farnsamer (Pteridospermen), die Schachtelhalme und die Cordaiten. In diesen Wäldern lebten Riesenlibellen mit 75 cm Flügelspanne und zahlreiche Arten von Amphibien. Die Flüsse und Deltas von Pennsylvania wurden von zahlreichen Muscheln und Fischen bewohnt. In dieser Periode erscheinen auch die Reptilien, die von amphibischen Vorfahren abstammten. Vier Gruppen primitiver Reptilien wurden in den Schiefern von Kansas entdeckt. Die Meere sorgten für die Weiterentwicklung einer reichhaltigen Fauna der wirbellosen Tiere, umfassend Foraminiferen und Formen von Fusulinen, Korallen, Armfüßern, Seelilien, Muschelkrebsen und einigen Trilobiten.

Landschaft der Permzeit. Die Reptilien umfassen: 1. Dimetrodon, 3 m lang, Fleischfresser mit «Rückensegel»; 2. Seymouria, 60 cm lang; 3. die Amphibien Eryops, 1,80 m lang und 4. Diplocaulus, 60 cm lang.

Das Perm (50 Mill. Jahre, von 280–230 Mill.) hat mit den charakteristischen Pflanzen der Kohlenwälder begonnen, die später durch primitive Nadelbäume ersetzt wurden, besonders in halbtrockenen Berglandregionen. In gewissen Teilen der südlichen Halbkugel gehörten die am meisten verbreiteten Pflanzen zu einer besonderen Gruppe von Farnen mit zungenförmigen Blättern (Glossopteriden). Zahlreiche neue Insekten erscheinen (Coleopteren) und echte Libellen.
Wasser und Sümpfe waren von zahlreichen verschiedenartigen Fischen bevölkert. Die Amphibien vermehrten sich reichlich längs der Flußufer, wurden aber durch neue, aktive Reptilien vernichtet.
Die primitiven Reptilien unterschieden sich von den Amphibien nur durch Einzelheiten des Schädels und der Gliedmaßen. Die Seymouriaähnlichen waren massive Reptilien, stämmig, ungefähr 60 cm lang, mit einem dicken, flachen Kopf. Fossile Eier aus dem Unterperm von Texas, die ältesten bekannten Landeier, mögen zu diesen Tieren gehören.

Mesosaurus, Wasserreptil mit nadelförmigen Zähnen, Oberkarbon, 40 cm lang.

Andere Reptilien waren vollkommen anders gebaut. Das Dimetrodon, eine Eidechse mit einem Segel auf dem Rükken, war ein Fleischfresser von etwa 3 m Länge. Der Edaphosaurus, ein Pflanzenfresser, trug gleichfalls ein Segel auf dem Rücken. Über die Zweckmäßigkeit dieser Rückenmembrane ist nichts bekannt. Vielleicht diente sie der Temperaturregulation.

Unter den anderen Reptilien des Perms führen wir den Mesosaurus an, ein kleines, langschnäuziges Wassertier, das mit mehreren Arten vertreten war, die aber nicht unseren heutigen Eidechsen ähnelten. Eine weitere Gruppe, die Theriodonten (etymologisch: wilder Zahn), bekannt aus Südafrika und Rußland, umfaßt kleine bewegliche Fleischfresser, von denen die Säugetiere abstammen. Der Cynognathus war ein typischer Theriodont, ungefähr 1.80 m lang. Er besaß einen Hundeschädel und differenzierte Zähne. Seine Beine waren unter dem Körper angebracht und hoben ihn klar vom Boden ab.

Riff der Permzeit im westlichen Texas. 1: Die Armfüßer: Dictyoclostus; 2. Dielasma; 3. Producten; 4. Schalen von Leptodus; 5. die Schwämme: Girtyocoelia; 6. Heliospongia; 7. die Kopffüßer: Stenopoceras und 8. Cooperoceras.

Dies war eine bessere Anpassung an ein aktives Leben, als die gespreizten Beine der Amphibien und primitiven Reptilien.

Der Abschluß des Perms markiert das Ende des Paläozoikums, des ersten großen Kapitels der Lebensgeschichte. Viele Tiere und Pflanzen, die die paläozoische Bühne beherrschten, starben aus. Die fusiformen Foraminiferen, verschiedene Gruppen von Moostierchen, die rugosen Korallen, die Producten und die Armfüßer, die Trilobiten und die Blastoiden verschwanden und auch zahlreiche Seelilien und Kopffüßer. Die Riesenbäume mit Blättern und Schuppen wurden weniger häufig.. Die meisten Schachtelhalme und zahlreiche Farne verschwanden. Die Amphibien und gewisse Fische erfuhren eine starke Reduktion. Warum sich das ereignete, ist nicht klar. Wahrscheinlich ist es mit den extremen klimatischen Veränderungen während der späteren Permzeit zu erklären. Damals wichen die Meere zurück und große, hohe Kontinente tauchten auf. In vielen Gegenden säumten Korallenriffe die Ufer wüstenartiger Landschaften, wo sich ausgedehnte Salzseen befanden. Ungeheure Gletscher bedeckten gewisse Teile der südlichen Halbkugel. Neue Ketten von Gebirgen erhoben sich langsam, unter anderem die Appalachen und der Ural.

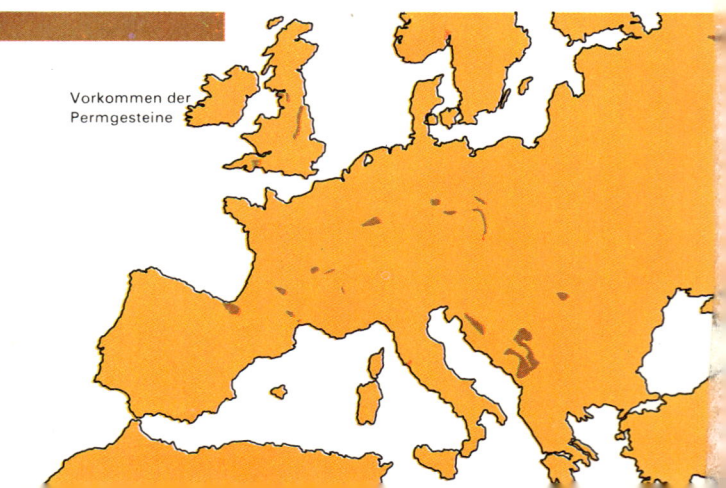

Vorkommen der
Permgesteine

Tyrannosaurus, der größte fleischfressende Dinosaurier, war ungefähr 15 m lang mit einem Schädel von 1,20 m – 1,50 m. Kreide von Montana.

Mesozoisches Zeitalter

Das mesozoische Zeitalter (ethymologisch: Mittelalter des Lebens) erstreckt sich ungefähr über 165 Millionen Jahre, eine Periode, in deren Verlauf die Reptilien alle anderen Tiere an Zahl und Größe übertrafen, so daß diese Zeit oft das Zeitalter der Reptilien genannt wird. Große Veränderungen fanden auch bei anderen Wirbeltieren statt. Neue Formen ersetzten die am Ende des Paläozoikums verschwundenen. Die Ammoniten entwickelten sich in unzähligen Mengen und bevölkerten alle Meere. Die Vögel, die Säugetiere, die Blütenpflanzen und zahlreiche Gruppen von modernen (heutigen) Insekten erschienen zum ersten Mal. Ulme, Eiche, Ahorn und andere heutige, breitblättrige Bäume vermehrten sich. Die Entwicklung und Ausdehnung gewisser Blütenpflanzen war von der Parallelentwicklung jener Insekten abhängig, die für die Bestäubung sorgten. Wichtige geographische Veränderungen fanden statt: Die Verteilung von Land und Meer änderte sich, und neue Ketten von Bergen tauchten abermals langsam auf. Die Summe der verschiedenen geologischen Prozesse hat die Formation der großen Mineral-Lagerstätten hervorgerufen. Heute, 60 Millionen Jahre später, sind wir noch immer von diesen Metall- und Brennstofflagern abhängig.

Triaslandschaft. Die Reptilien sind: 1. Cynognathus, saugetierähnlicher Fleischfresser, 2 m lang; 2. Machaeroprosopus, ein alligatorähnlicher Phytosaurier; 3. Saltoposuchus, ein Thecodont von 1,20 m Länge; 4. Kannemeyeria, ein 1,80 m langer Dicynodont.

Die Trias (50 Millionen Jahre, von 230–180 Mill. Jahre) ist nach ihrer Dreiteilung benannt. In vielen Gegenden ähneln die triasischen Gesteine denen des Perms und bestehen aus einer mächtigen Folge von roten Schiefern und Sandsteinen, die in ehemaligen Seen, Wüsten und Becken abgelagert sind. Die vulkanische Tätigkeit war beträchtlich.
Die Reptilien herrschten vor. Durch ihren spezialisierten Körperbau und durch ihre von einer Schale geschützten Eier waren sie fähig, das wechselnde und oft feindliche Klima zu überleben und neue Gebiete zu erschließen, die den Amphibien nicht zuträglich waren. Die ersten Dinosaurier erschienen in dieser Zeit, und die Fußabdrücke gewisser Arten sind zum Beispiel im Tal von Connecticut reichlich vorhanden.
Das Vorherrschen der Reptilien war nicht nur auf das Festland beschränkt, sondern auch in den offenen Meeren lebten delphinähnliche Ichthyosaurier.

Placodus, marines Reptil der Trias, Muschelfresser, 1,50 m lang.

Cymbospondylus, marines Reptil der Trias, 7 m lang.

Später paddelten 4,5–6 m lange Plesiosaurier durch das Triasmeer. Neue Typen von Schwämmen und Protozoen entwickelten sich. Die heutigen Hexakorallen und neue Gruppen von Armfüßern ersetzten ihre permischen Vorfahren. Schnecken und Muscheln vermehrten sich zahlreich. Ammoniten, die sich reichlich vermehrten, haben beträchtliche Veränderungen erfahren. Hummergleiche Gliederfüßer, Stachelhäuter und Seelilien erschienen erstmalig in der Trias. Cycadeen und primitive Nadelhölzer entwickelten sich zahlreich in Hügelregionen. Der versteinerte Wald von Arizona enthält Fossilien dieser Bäume. Farne und Schachtelhalme gediehen in niederen und feuchten Regionen.

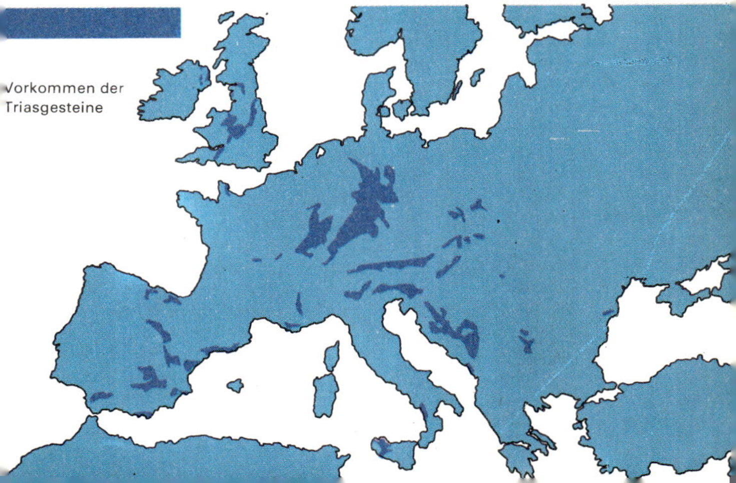

Vorkommen der Triasgesteine

Diorama, die Gesamtheit der jurasischen Meeresreptilien zeigend: 1. Fischsaurier Ichthyosaurus, 3 m lang; 2. Plesiosaurus, 4–6 m lang; 3. Eurhinosaurus, ungefähr 6 m lang; 4. Cryptocleidus, ungefähr 3 m lang, aus dem Oberen Jura; 5. tintenfischähnliche Belemniten, in einer schützenden Wolke von «Tinte» fliehend.

Die Jurazeit ist nach dem Juragebirge benannt. Sie begann ungefähr vor 180 Millionen Jahren und dauerte 45 Millionen Jahre. Von allen vorhandenen, exotischen Lebewesen war keines typischer als der Dinosaurus, von dem es drei Hauptgruppen im Jura gibt: 1. Die Sauropoden, vierfüßige Ungeheuer mit langem Hals und langem Schwanz, die größten Landtiere überhaupt (Diplodocus 28 m lang). 2. Die Stegosaurier, gepanzerte Reptilien bis zu 10 Tonnen Gewicht mit einem Gehirn von 90 g. 3. Die fleischfressenden Theropoden, die auf ihren Hinterbeinen liefen, unter ihnen der Allosaurus, ein wildes, 10 m langes Geschöpf. Andere waren schlanker und einige nur 1 m lang.

Wenig später wälzten sich entenschnabelige, pflanzenfressende Dinosaurier in den sumpfigen Niederungen.
Fliegende Reptilien von Sperlingsgröße, die aber auch ca.
1,20 m werden konnten, mit einem schlanken, keulenähn-
lichen Schwanz, glitten durch die Luft. Ichthyosaurus und Plesiosaurus waren die fleischfressenden Beherrscher der
Meere. Haufen von Ammoniten (einige erreichten einen
Durchmesser von 2 m) scharten sich in den Flachmeeren
gleichzeitig mit Schnecken, Muscheln, Tintenfischen (Belemniten), Stachelhäutern, Seelilien und Foraminiferen.
Die Jurazeit brachte die Entwicklung von zwei Gruppen, die
erst später ihre Vorherrschaft antraten: Säugetiere und
Vögel. Bruchstücke von Kiefern und Zähnen eines ratten-
großen Säugetiers dieser Zeit sind in Europa und dem
Westen der USA gefunden worden. Die Solnhofer Jura-Plat-
tenkalke enthalten Reste des Archäopterix, des ältesten bekannten Vogels.

Strand einer Lagune von Solnhofen. 1. Urvogel, Archaeopteryx; 2. fliegendes Reptil, Rhamphorhynchus; 3. kleiner zweifüßiger Dinosaurier, Compsognathus, ungefähr 60 cm lang; 4. Cycadeen.

Jurassische Pflanzen umfassen viele jetzt ausgestorbene Cycadeen mit kurzen dicken Stämmen. Sie waren mit wedelförmigen Blättern, ähnlich denen der Farne, gekrönt und mit Fortpflanzungsorganen, ähnlich den heutigen Blüten, geschmückt. Cycadeen, Nadelbäume, Farne und Ginkgo waren sehr verbreitet. Ginkgo-Bäume waren im ganzen Mesozoikum sehr häufig, verschwanden aber später fast vollständig. Eine einzige Art überlebte.
Unter den mehr als eine Million Insektenarten der Jurazeit findet man bereits zahlreiche heutige Formen.

Lebensbild aus einem Sumpf der Jurazeit. 1. Brachiosaurus, 22 m lang; 2. Diplodocus, 30 m lang; 3. Stegosaurus, ein gepanzerter Dinosaurier, 6 m lang.

Vorkommen der Juragesteine

Ein Diorama von Kreidereptilien. Die Dinosaurier umfassen: 1. Triceratops, jung und alt, 7 m lang; 2. Trachodon mit Entenschnabel, 5 m lang; 3. Tyrannosaurus, ein mächtiger Fleischfresser, 18 m lang; 4. straußähnlicher Struthiomimus, 2 m hoch; 5. Brontosaurus (Untere Kreide); 6. Pteranodon, ein fliegendes Reptil mit 8 m Flügelspanne; 7. Cycadeen; 8. erste Angiospermen (Blütenpflanzen).

Die Kreidezeit (Name nach der Kreide, der charakteristischen Ablagerung) begann ungefähr vor 135 Millionen Jahren und dauerte 70 Millionen Jahre. Sie war eine der wichtigsten geologischen Perioden, gekennzeichnet durch das Vordringen des Meeres in viele Teile der Welt und die Mächtigkeit der marinen und kontinentalen Ablagerungen. Eine große Landsenkung verband das Polarmeer mit dem Golf von Mexiko. Mitteleuropa war mit Ausnahme einer zentralen Landmasse ebenfalls untergetaucht. Gegen Ende der Periode erzeugten Erdbewegungen Gebirgsketten, so die Anden, die Rocky Mountains und die Gebirge der Antarktis und Nordostasiens.

In der Kreideperiode gab es nebeneinander den Höhepunkt des mesozoischen Lebens und die Vorausgestaltung derjenigen Tiere und Pflanzen, die erst in der Folgezeit ihren Platz einnehmen sollten.

Die wichtigsten Neuentwicklungen waren die Blütenpflanzen (Angiospermen). Die ersten erschienen in der Unteren Kreide, bis sie sehr schnell die herrschenden Pflanzen in jedem Erdteil wurden. Zahlreiche Gattungen lebender Bäume und Sträucher, zum Beispiel Pappel, Magnolie, Eiche, Ahorn, Buche, Stechpalme, Efeu und Lorbeer, erschienen während der Kreidezeit. Die Verbreitung der blühenden Pflanzen hatte auch wichtige Auswirkungen auf das Tierleben, weil hier neue Futterquellen für Säugetiere, Vögel, Reptilien und Insekten entstanden. Die nachfolgende Weiterentwicklung der Säugetiere und Vögel kann auf diese neue Futterquelle zurückgeführt werden.

Die Dinosaurier dehnten ihre Herrschaft über alle Gebiete der Kreidezeit aus. Sie sind fossil aus allen Teilen der Welt bekannt und umfassen viele ungewöhnliche Typen. Dinosaurier mit Hörnern (Ceratopsiden) waren nicht selten, ebenso die gepanzerten Ankylosaurier und die bizarren Entenschnabel-Formen mit ihrer bemerkenswerten Anpassung an amphibisches Leben.

Oberfläche des Meeres zur Kreidezeit: 1. Tylosaurus, Mosasaurus von 8 m, verfolgt; 2. Archelon, eine marine Schildkröte von 4 m Länge. Fliegende Reptilien: 3. Pteranodon mit 8 m Flügelspanne.

Die grossen pflanzenfressenden Dinosaurier begannen im Laufe der Kreidezeit auszusterben, aber die wilden Fleischfresser waren weiter allgemein verbreitet. Der Tyrannosaurus erreichte eine Höhe von 6,5 m und besass einen mehr als 1 m langen Schädel. Andere Fleischfresser waren viel kleiner. Die fliegenden Reptilien wurden durch den Pteranodon, ein zahnloses, hammerköpfiges Tier mit 8 m Flügelspannweite, – das grösste Tier, das jemals geflogen ist – repräsentiert.

In den Meeren erreichten die Riesenschildkröten eine Länge von 4 m und einige Plesiosaurier sogar 12 m. Die Ichthyosaurier starben langsam aus. Wilde, schlangenförmige Mosasaurier von 12 m Länge waren im Wasser lebende Eidechsen.

Meeresgrund der oberen Kreidezeit; Ammoniten: 1. Helioceras; 2. Baculites; 3. Placenticeras. Schnecken: 4. Turitella; 5. andere Schnecken; Muscheln: 6. Austern; 7. Pecten.

Zwei sehr bekannte Vogelfossilien fand man in der Kreide-formation. Der Ichthyornis, ein schlanker, seeschwalben-ähnlicher Vogel von 20 cm Höhe, war ein guter Flieger. Im Gegensatz hierzu war Hesperornis ein Tauchvogel von 1,5 m Höhe mit starken Schwimmfüßen, aber nur Spuren von Flü-geln. Er hatte lange zahnige Kiefer.

Säugetiere waren noch klein und unbedeutend. Fossile Überbleibsel von ihnen aus dieser Zeit sind selten. Sie waren durch kleine, primitive Formen vertreten, die die Jurazeit überlebt hatten, es gab auch zwei neue Gruppen: opossum-ähnliche Beuteltiere und Insektenfresser, Vorläufer der Spitz-mäuse. Die Fossilien davon sind meistens Zähne und Unter-kiefer, die wegen der Eigentümlichkeit ihrer Struktur ausrei-chen, um sie von fossilen Resten der Reptilien zu unterschei-den.

In Flachmeeren lebten Wirbellose in großer Mannigfaltigkeit. Die vorherrschende Gruppe waren die Ammoniten, die viele ungewöhnliche Formen zeigten.

Belemniten, Muscheln und Schnecken, den heute lebenden Formen sehr ähnlich, sowie Korallen, Seeigel und Foraminiferen gab es ebenfalls häufig. Die heutigen Knochenfische waren schon reichlich vorhanden. Die Korallen, örtlich massenhaft in den Schichten der Kreidezeit vorkommend, zeigen eine hexagonale Symmetrie. Seelilien entwickelten neue Formen, zum Beispiel eine freischwimmende, stiellose Art mit langen Armen von 1,2 m Länge. Muscheln erreichten bisweilen 1 – 1,5 m und waren weit verbreitet.

Am Ende der Kreidezeit starben viele Tiere des Mesozoikums aus: Dinosaurier, Pterosaurier, Ichthyosaurier, Plesiosaurier, Mosasaurier, Ammoniten, die echten Belemniten, zahlreiche Muscheln und Korallen. Die Ursache dieses Verfalls ist, ähnlich wie im Perm, nicht leicht zu klären. Wahrscheinlich haben die großen geologischen Veränderungen und der Wechsel der Pflanzenwelt eine tiefgründige Wirkung auf viele Tiergruppen ausgeübt.

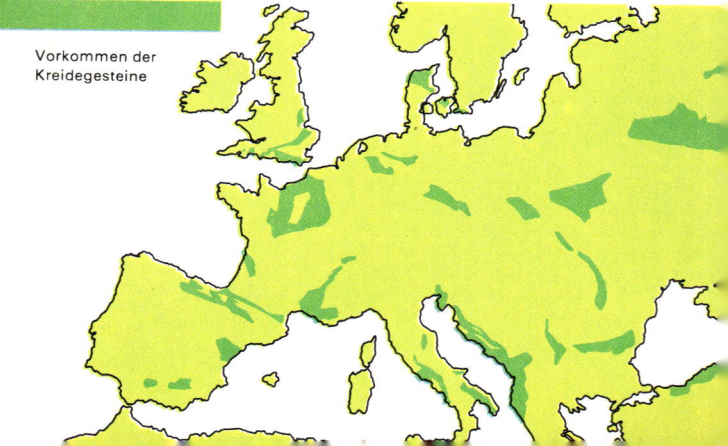

Vorkommen der
Kreidegesteine

Brontotherium, ein pflanzenfressendes, nordamerikanisches Säugetier von 2,5 m Höhe; eines der ausgestorbenen Titanotheren. Oligozän von Süd-Dakota.

Die Neuzeit

Die Neuzeit umfaßt die letzten 70 Millionen Jahre der Erdgeschichte. Sie ist uns viel vertrauter als die vorausgegangenen Perioden. Obgleich einige Tiere und Pflanzen ausstarben, haben andere Arten ohne wesentliche Veränderung bis heute überlebt. Langsame, aber radikale Veränderungen des Klimas fanden in dieser Zeit statt. Die Polarregionen wurden kälter, und das allgemein viel wärmere Klima wurde durch eine größere klimatische Mannigfaltigkeit ersetzt. Die Kontinente waren trotz der Erhebung der Gebirge, der kontinentalen Anschwemmung und der vulkanischen Tätigkeit den heutigen ähnlich. Die neuzeitlichen Schichten in Nord- und Südamerika, im Mittleren Osten und in Ostindien sind heute wichtige Erdölvorkommen.

Das Leben in der Neuzeit wird durch die Säugetiere (Zeitalter der Säugetiere) und die Blütenpflanzen beherrscht. Die Säugetiere haben die Reptilien, die im Erd-Mittelalter vorherrschten, ersetzt. Die Blütenpflanzen waren schon fast alle den heutigen ähnlich geworden. Amphibien und Reptilien wurden unauffälliger. Die Vögel nahmen weiterhin an Zahl und Mannigfaltigkeit zu. Die Knochenfische waren allen anderen Fischgruppen zahlenmäßig weit überlegen.

Die wirbellosen Meerestiere nahmen das heutige Aussehen an. Schnecken und Muscheln wurden häufiger, während sich die Kopf- und Armfüßer stark reduzierten. Die Neuzeit stellt also die letzte große Periode der Lebensgeschichte dar. Sie ist das Vorspiel zur heutigen Lebewelt.

Ein Diorama des Lebens im Alttertiar: 1. Diatryma, ein fleischfressender Vogel von 2 m Höhe. Die Säugetiere sind: 2. Notharctus, ein halbaffenähnliches Herrentier; 3. Coryphodon, ein 1 m hoher Amblypode; 4. Hyracotherium (Eohippus), ein Urpferd, vierzehig, mit einer Höhe von 30 cm; 5. Uinthatherium, nashorngroßes Säugetier.

Die Alt-Tertiär-Periode (Paläozän, Eozän, Oligozän) ist besonders durch wichtige kontinentale Ablagerungen mit zahlreichen Säugetierfossilien gekennzeichnet. Man kennt auch mächtige Meeresablagerungen. Stellenweise traten Vulkane in Tätigkeit. Flachmeere schufen zum Beispiel in Europa Formationen wie die Becken von Mainz, London und Paris.
Die Fossilien des Alttertiärs sind auffallend verschieden von denen der Kreidezeit. Die Säugetiere entwickelten sich explosionsartig und breiteten sich in allen Gegenden aus, indem sie sich auf verschiedene Weise an das Leben auf dem Lande, im Wasser und in der Luft anpaßten. Ihre Entwicklung verlief in den verschiedenen Gebieten der Erde unterschiedlich. In isolierten Teilen Südamerikas entstand eine

große Mannigfaltigkeit von Beuteltieren, von denen nur
einige überlebt haben. Andere Beuteltiere leben heute noch
in Australien.
Die alttertiären Säugetiere umfassen primitive, nagetierähn-
liche Formen, Insektenfresser und Beuteltiere, die noch aus
der Kreidezeit stammten.
Creodonten, die Vorläufer der Raubtiere, und Condylarthe-
ren, die Vorläufer der Huftiere, waren sich ähnlich, unterschieden sich aber deutlich durch Einzelheiten bei Zähnen
und Füßen. Sie waren plump mit massiven Gliedmaßen, hatten ungefähr die Größe eines schottischen Schäferhundes,
einen hundeähnlichen Kopf und fünf Zehen mit dicken
Klauen an jedem Bein. Ihr Gehirn war klein und primitiv. Andere Neuentwicklungen waren angestammte Nagetiere und
Herrentiere, vertreten durch halbaffenähnliche Tiere.
Amblypoden waren schwere, plumpe Huftiere mit breiten
Füßen. Die frühesten waren schafähnlich, aber die späteren
Arten (Uintatheren) konnten 2 m groß werden – so groß wie
ein Rhinozeros – und drei Paar stumpfe Hörner besitzen. Die
Männchen hatten große, zurückgebogene Stoßzähne.

Eine Oligozän-Landschaft: 1. Mesohippus, ein dreizehiges Pferd, 60 cm hoch; 2. Brontotherium, ein Titanothere mit Hörnern, 5 m lang; 3. Oreodon, ein schafähnlicher Grasfresser; 4. Baluchitherium, das größte Landsäugetier; 5. Protapirus, ein Tapir; 6. Hyaenodon, ein Ur-Raubtier; 7. Landeschildkröte, Stylemys (pflanzenfressen).

Im Laufe der Eozänzeit ersetzten entwickeltere Tiere viele alte Formen in Europa und Nordamerika. In der Regel waren es echte Nagetiere, vor allem eichhörnchenähnliche Arten. Erwähnenswert ist hier eine Abart des Rhinozeros (ein oligozäner Riese, Baluchiterium) von 6 m Höhe. Die Vorfahren des Tapirs, die Titanotheren, und die ersten paarhufigen Säugetiere erschienen ebenfalls in dieser Zeit. Die ersten Titanotheren waren kleine, harmlose Grasfresser mit plumpem Körper und kleinem Hirn. Die Ur-Huftiere, die Ur-Raubtiere und das Ur-Rhinozeros überlebten eine Zeitlang, machten dann aber den neuankommenden ersten Pferden Platz (Mesohippus, 3zehig, von der Größe eines Schäferhundes). Es entwickelten sich außerdem die Riesenschweine, die Vorfahren der Kamele, die Oreodonten, die Zitzenzahnelefanten und die großen Katzen.
Die Oreodonten, Grasfresser mit langem Schwanz, von der Größe eines Hammels, haben bis zum Oligozän gelebt.

Die Titanotheren waren ungeheuer groteske, gehörnte Tiere. Die Katzenfamilie erschien zuerst in der Form des Säbelzahntigers (Hoplophoneus), der ungefähr wie ein Puma aussah. Die alttertiären Vögel hatten insgesamt schon ihr heutiges Aussehen, es gab aber auch auf der Erde lebende Arten, so zum Beispiel das 2 m hohe Diaryma. Die Fische hatten ebenfalls ein modernes Aussehen. Die sumpfigen, feinkörnigen Ablagerungen des Green-River in Wyoming oder des Monte Bolca in Italien haben Millionen von prächtigen fossilen Fischen ausgezeichnet erhalten.

Die marinen Wirbellosen waren den heutigen Formen sehr ähnlich. Die großen Foraminiferen (Kammerlinge oder Nummuliten) vermehrten sich in den Flachseen des Mittelmeeres und der Karibischen See reichlich. Die Pflanzen ähnelten schon den heutigen Formen; allerdings wuchsen in Kanada Palmen, und Wälder von Eiche und Nußbaum entwickelten sich im gemäßigten Klima von Alaska. Es gab Gebirgsbildungen und Erdkrustenstörungen in den Alpen, Karpathen, Pyrenäen, im Apennin, Himalaya und im westlichen Nordamerika.

Vorkommen der Tertiärgesteine

Miozän-Landschaft: 1. Wildes Schwein, Dinohyrus; 2. kleines Rhinozeros, Dicera-therium; 3. Moropus, pferdeähnlich; 4. ein Mastodont mit vier Stoßzähnen, Tri-lophodon; 5. Herde von primitiven Kamelen, Stenomylus.

Die Jungtertiärzeit (Miozän und Pliozän) hat ungefähr 25 Millionen Jahre gedauert und endete vor etwa einer Million Jahren. Sie ist durch den fortwährenden Zuwachs moderner Tiere gekennzeichnet. Die klimatischen Veränderungen bedingten die weitere Verbreitung der Säugetiere, deren Gehirn, Zähne und Gliedmaßen sich immer stärker änderten und anpaßten. In weiten Gebieten Nordamerikas erzeugte die Erhebung der Kontinente ein trockeneres Klima und verwandelte die üppigen Wälder der Niederungen in Grassteppen. Die ältesten Gräser entstanden im Miozän. Manche Veränderung bei den Säugetieren steht also in direkter Beziehung zur Änderung der Ernährung.

Das ist besonders gut in der Familie der Pferde zu beobachten. Die Zähne der Pferde wurden größer, bekamen eine höhere Krone mit viereckiger, nicht gefalteter Kaufläche, und die Zahnwurzeln wurden tiefer. Die Gliedmaßen verlängerten sich, und damit veränderten sich die Körperproportionen überhaupt. Die Zahl der Zehen, die den Boden berührten, war mit der Zeit geringer geworden, was einen radikalen Wechsel vom Sohlengänger zum Zehengänger bewirkte. Das

Die Weiterentwicklung des Pferdes

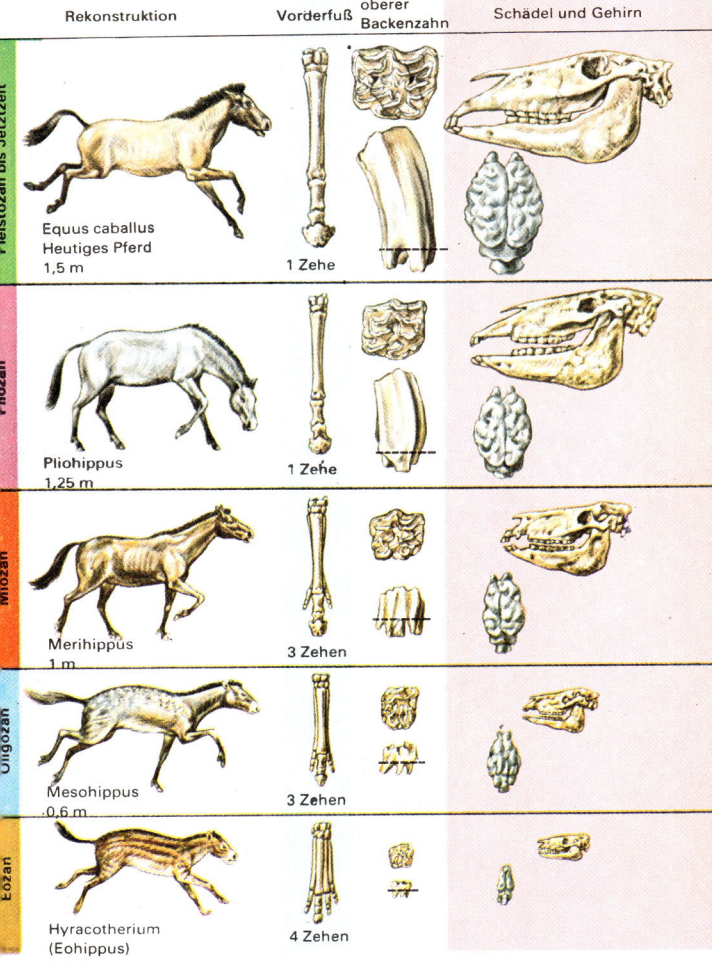

Rekonstruktion	Vorderfuß	oberer Backenzahn	Schädel und Gehirn

Equus caballus
Heutiges Pferd
1,5 m — 1 Zehe

Pliohippus
1,25 m — 1 Zehe

Merihippus
1 m — 3 Zehen

Mesohippus
0,6 m — 3 Zehen

Hyracotherium
(Eohippus)
0,3 m — 4 Zehen

Pleistozän bis Jetztzeit · Pliozän · Miozän · Oligozän · Eozän

Fressen harten Grases hatte also die Entwicklung kräftigerer Zähne erfordert, und die neue Fußstruktur ermöglichte größere Geschwindigkeiten. Ähnliche Veränderungen haben in gleicher Weise auch bei den Vorfahren unserer heutigen Elefanten, Kamele, Rhinozerosse und Hunde stattgefunden. Moropus ähnelte einem plumpgebauten Pferd mit Klauen. Ein Riesenschwein besaß einen Schädel von 1,2 m Länge. Es gab Giraffen, Kamele und graziöse Antilopen der Art Syndioceras mit den fremdartigsten Hörnern. Säbelzahntiger existierten weiterhin, und affenähnliche Kreaturen (Dryopithecus) breiteten sich über Europa und Afrika aus. Viele der älteren Säugetiertypen starben gegen Ende der Pliozänzeit aus.

Die meisten der Pflanzen und marinen Wirbellosen des späten Tertiärs unterscheiden sich kaum von lebenden Arten. Neue Bewegungen der Erdkruste in den Alpen, im Himalaya und entlang der pazifischen Küste Amerikas vergrößerten die bestehenden Gebirgsketten oder brachten neue hervor.

Unsere geologische Exkursion führte durch mehr als 500 Millionen Jahre der Erdgeschichte, vom späten Präkambrium bis zum Ende des Tertiärs. Die Welt des späten Tertiärs entsprach schon in etwa der heutigen. Es entwickelten sich damals allerdings wichtige Seitenlinien des Lebens: der Mensch mag dafür als Beispiel dienen. Obwohl fossile Reste wenig zahlreich sind, können sie doch die Entwicklung des Lebens während der hier beschriebenen Zeiträume verdeutlichen. Die langsamen organischen Veränderungen, die das Aussterben oder Überleben der Lebewesen bestimmten, bewirkten eine ständige Fortentwicklung. Der Mensch existiert erst seit ungefähr einer Million Jahren; aber etwa eine Milliarde Jahre waren als Vorbereitung notwendig, damit sich diese Form des Lebens überhaupt entwickeln konnte.

Pleistozän-Landschaft mit: 1. wollhaarigem Mammut, Elephas primigenius, 4 m hoch; 2. Wollnashorn, Coelodonta antiquitatis, 2 m hoch.

Das Quartär umfaßt die Jetztzeit und das Pleistozän, das vor ungefähr einer Million Jahren begonnen hat. Decken kontinentalen Eises erreichten damals mehr als 3000 m Mächtigkeit und breiteten sich in mindestens vier Eisvorstößen (Eiszeiten) über die ganze nördliche Halbkugel aus. Der letzte Eisvorstoß ging vor ungefähr 11 000 Jahren zurück. Die Antarktis und die Gebirge der südlichen Halbkugel waren ebenfalls vereist.

Man findet zahlreiche fossile Beweise für das öfter wechselnde Klima, das zu wiederholten Wanderungen von Fauna und Flora führte. Während der kalten Perioden durchwanderten unermeßliche Herden wilder Schweine, Kamele, Bisons und Elefanten ganz Europa, Nordamerika und Asien. Allein in Amerika gab es vier Arten von Elefanten, inbegriffen das Mammut, das eine Schulterhöhe von 4,5 m und 4 m lange, zurückgebogene Stoßzähne hatte.

Die majestätischen, wollhaarigen Mammuts, die durch die Tundren Europas, Asiens und Nordamerikas streiften, sind in den ersten Felsmalereien früher Kulturen dargestellt worden.

Smilodon, der größte Säbelzahntiger, mit säbelförmigen Eckzähnen von 20 cm Länge. Nordamerika, Pleistozän.

Irischer Elch (Megaceros), Pleistozän, Europa, Geweih von 3,5 m Länge.

Die meisten dieser großen Säugetiere waren gegen Ende des Pleistozäns verschwunden. Die Fleischfresser, so vor allem die Wölfe, Füchse, Dachse und der furchtbare Säbelzahntiger Smilodon, sind von den pleistozänen Asphalt-Seen in Kalifornien gut bekannt. Gewaltige, gürteltierähnliche Glyptodonten und riesige Erdfaultiere (6 m Höhe) hatten sich in Südamerika entwickelt und breiteten sich auch in Nordamerika aus, als die Landbrücke zwischen den beiden Kontinenten am Ende der Pliozänzeit wiederhergestellt war. In dieser trockenen und teilweise kalten Welt erschien dann der Mensch.

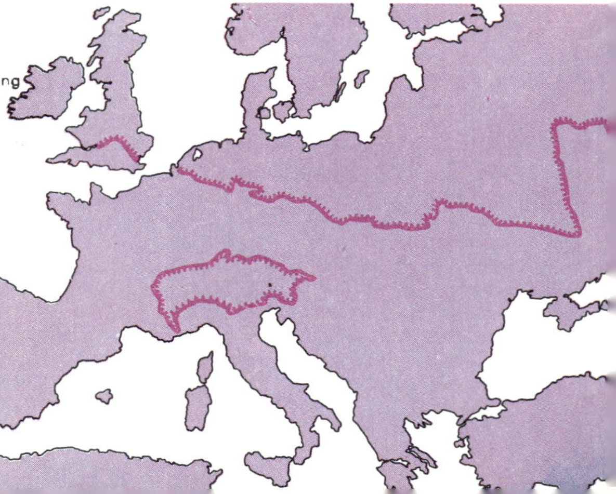

Maximale Ausdehnung der Eiszeit

Das Erscheinen des Menschen

Der Cro-Magnon-Mensch war groß, gut gebaut und muskulös. Sein Aussehen und seine Gehirnkapazität entsprachen etwa denen des heutigen Menschen. Er stellte bereits komplizierte Werkzeuge her und kannte Begräbnisrituale. Zweifellos war er sozial sehr entwickelt. Die Höhlenmalereien von Lascaux und Altamira sind Zeugnisse seiner Kultur. Der Cro-Magnon-Mensch löste den Neandertaler ab.

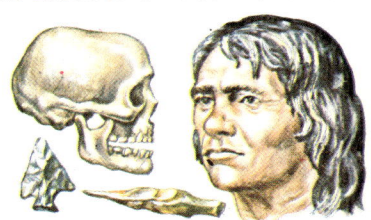

Pfeilspitze   Bohrer

Der Neandertal-Mensch lebte während der Eiszeit in weiten Gebieten Europas und Nordafrikas als Jäger. Er war untersetzt und krumm und hatte dichte Augenbrauenbögen, eine fliehende Stirn und einen Kiefer ohne Kinn. Er war Höhlenbewohner und kannte wie der Cro-Magnon-Mensch Begräbnisfeiern. Der Neandertaler gehört wahrscheinlich zum selben Stamm wie der heutige Mensch.

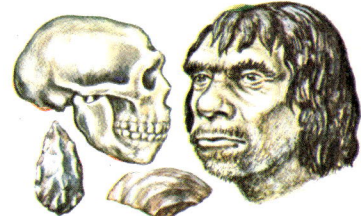

Speerspitze   Schaber

Der Pithecanthropus (Affenmensch) ist durch die 500 000 Jahre alten Skelette bekannt geworden, die man in Java und China gefunden hat. Er war etwa 1,50 m groß, hatte eine halbaufrechte Haltung, ausgeprägte Augenbrauen, starke Kiefer und eine Gehirnkapazität, die zwischen der eines großen Affen und der des heutigen Menschen lag.

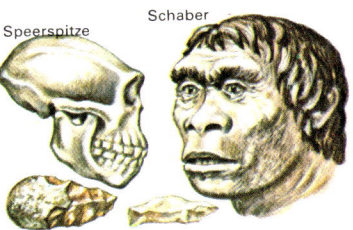

Handaxt   Messer

Australopithecus und Zinjanthropus, die ältesten menschenähnlichen Herrentiere, hatten den Wuchs von Pygmäen, ein affenähnliches Aussehen und eine Gehirnkapazität, die etwa die Hälfte der des heutigen Menschen ausmachte. Die Augenbrauenbögen waren reduziert, die Haltung halb aufgerichtet.

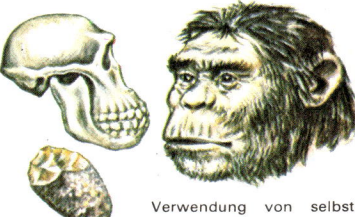

Verwendung von selbst hergestellten Werkzeugen fraglich

Fossilien der Wirbellosen

Die auf den Seiten 72–129 beschriebenen Fossilien gehören zu den Tieren, die keine Wirbelsäule haben. Sie lebten hauptsächlich im Meer, und die meisten von ihnen sind heute ausgestorben. Aus diesem Grunde sind sie uns weniger vertraut als die meisten Wirbeltiere, und die Fachausdrücke für ihre Beschreibung sind weniger bekannt.

Indessen sind die strukturellen Einzelheiten zur Bestimmung der Wirbellosen von Wichtigkeit. Die folgenden Darstellungen (Seite 72 bis 74) zeigen den Aufbau weitverbreiteter, wirbelloser Fossilien. Sie können als Führer für die zehn Hauptgruppen dienen und die Bedeutung der Fachausdrücke, die im folgenden Text gebraucht werden, erklären.

Typische Struktur der Wirbellosen

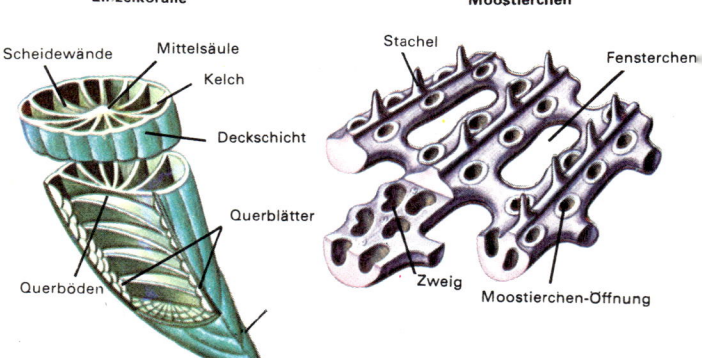

Einzelkoralle

Scheidewände
Mittelsäule
Kelch
Deckschicht
Querblätter
Querböden

Moostierchen

Stachel
Fensterchen
Zweig
Moostierchen-Öffnung

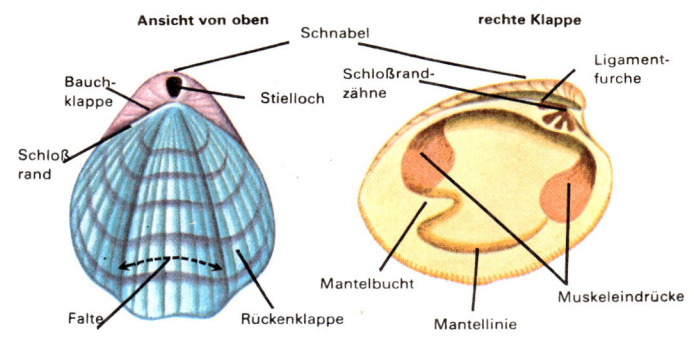

Ansicht von oben

Schnabel

Bauch-
klappe

Stielloch

Schloß
rand

Falte

Rückenklappe

rechte Klappe

Schloßrand-
zähne

Ligament-
furche

Mantelbucht

Mantellinie

Muskeleindrücke

Armfüßer

Muschel

Schnecke

◼ Außenansicht
◻ Längsschnitt

Kopffüßer

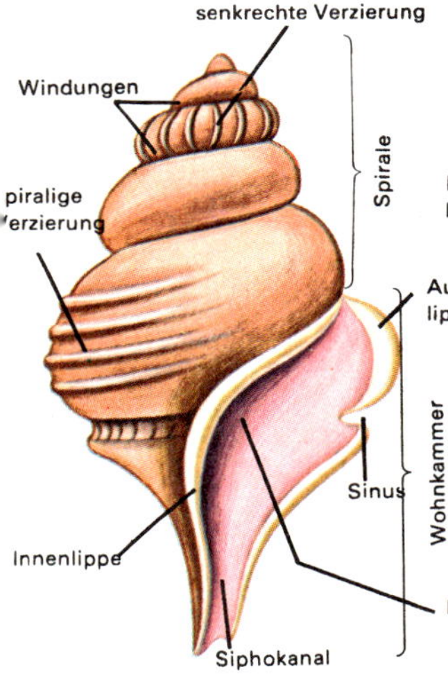

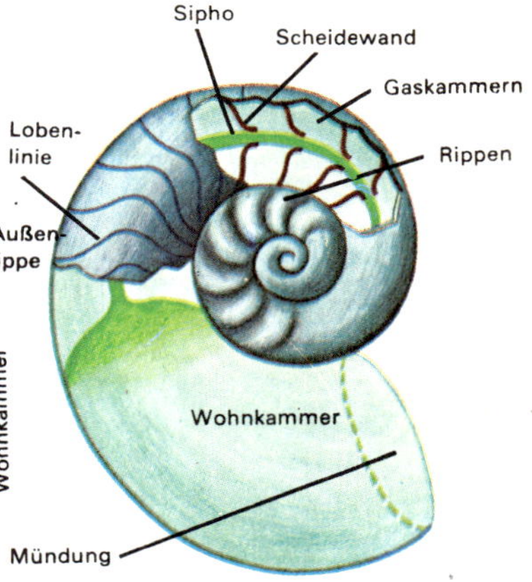

senkrechte Verzierung

Windungen

Spirale

piralige
erzierung

Loben-
linie

Außen-
lippe

Wohnkammer

Innenlippe

Sinus

Siphokanal

Mündung

Sipho

Scheidewand

Gaskammern

Rippen

Wohnkammer

73

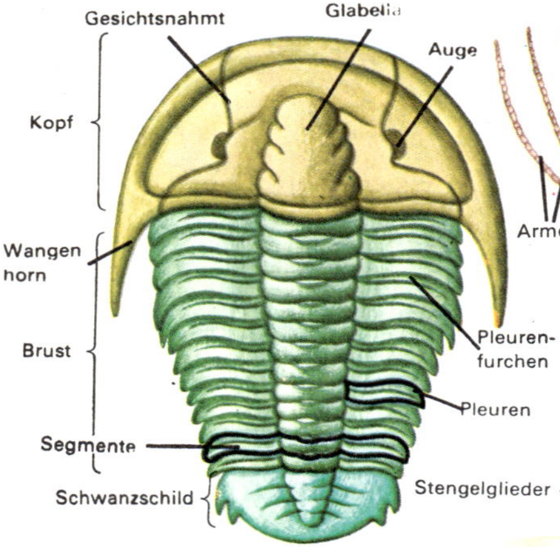

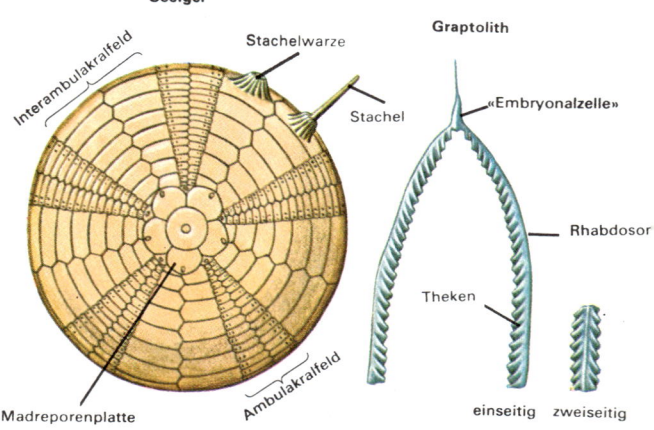

Trilobit

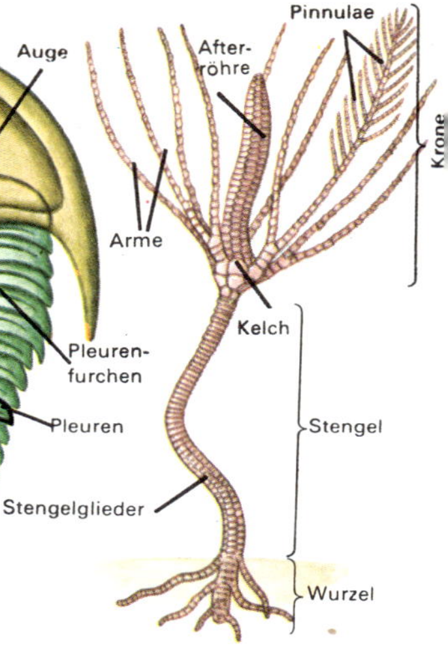

Kopf

Gesichtsnaht

Glabella

Auge

Wangen horn

Brust

Pleurenfurchen

Pleuren

Segmente

Schwanzschild

Seelilie

Pinnulae

Afterröhre

Arme

Krone

Kelch

Stengel

Stengelglieder

Wurzel

Seeigel

Interambulakralfeld

Stachelwarze

Stachel

Madreporenplatte

Ambulakralfeld

Graptolith

«Embryonalzelle»

Rhabdosor

Theken

einseitig   zweiseitig

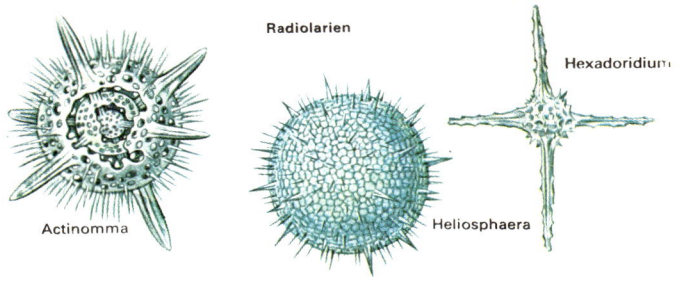

Radiolarien

Hexadoridium

Actinomma

Heliosphaera

Die Protozoen sind winzige Wassertiere oder Parasiten, deren einzige Zelle alle Lebensfunktionen erfüllt. Gewisse Arten sind mit unbewaffnetem Auge sichtbar, aber die meisten nur mikroskopisch. Unter den zahlreichen, sehr verschiedenen Gruppen der Protozoen sind nur die Foraminiferen und die Radiolarien (Klasse der Sarcodinen) in fossiler Form verbreitet. Die Foraminiferen (Ordovizium bis Oberes Quartär) haben gewöhnlich Gehäuse oder Schalen aus zusammengebackenem fremdem Material oder Kalk. Die Schale der Radiolarien (Kambrium bis heute) ist aus Kieselsäure oder Strontiumsulfat gebildet. Die Foraminiferen (siehe oben) und die Radiolarien sind so häufig, daß ihre winzigen Schalen Tausende von Quadratkilometern des Meeresboden bedecken und große Ablagerungen von Schlamm (Schlick) bilden. Gewisse Kalksteine sind zum großen Teil aus Foraminiferen gebildet. Die Petroleumgeologen bedienen sich der Foraminiferen, um die verschiedenen Schichten zu bestimmen.

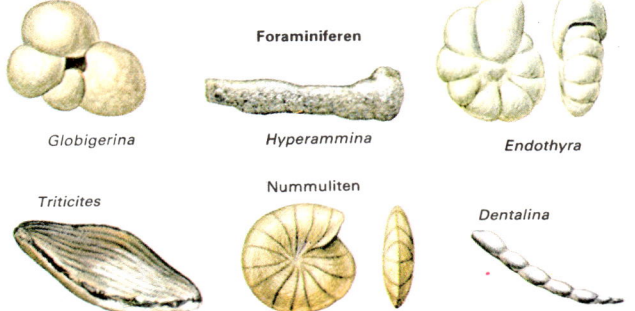

Foraminiferen

Globigerina

Hyperammina

Endothyra

Triticites

Nummuliten

Dentalina

75

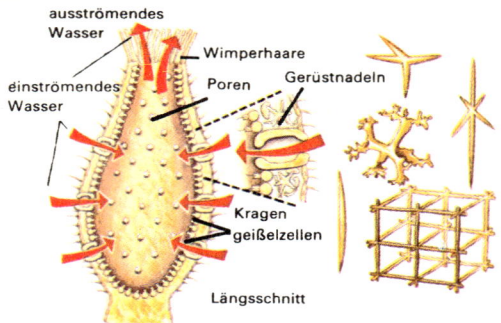

Struktur eines einfachen Schwammes

ausströmendes Wasser
Wimperhaare
einströmendes Wasser
Poren
Gerüstnadeln
Kragen geißelzellen
Längsschnitt

Die Nadeln zahlreicher Schwämme sind weitverbreitete Mikrofossilien.

Hydnoceras, Devon bis Unterkarbon, Kieselschwamm, hexagonal, Länge: 12 cm.

Die Schwämme oder Porenträger sind die einfachsten vielzelligen Tiere. Wasser dringt in den sackförmigen Körper durch viele feine Poren ein und wird durch die Geißel der Kragenzellen bewegt. Die Nahrungsteilchen werden zurückgehalten und das Wasser durch die obere Öffnung des Schwammes wieder ausgestoßen.

Der Schwamm wird durch ein Skelett von sehr spitzen Kalk- oder Kieselnadeln gestützt oder durch ein biegsames Sponginskelett wie beim Badeschwamm. Die Nadeln sind weitverbreitete Mikrofossilien. Die meisten Schwämme wachsen auf dem Meeresgrund angeheftet; einige sind nicht größer als ein Stecknadelkopf, andere mehr als einen Meter lang. Fossile Schwämme wurden in Gesteinen vom Kambrium bis heute gefunden.

Astraeospongia, Silur, Schwamm mit vorspringenden Nadeln, Durchmesser: 5 cm.

Ventriculites, Kreidezeit, Schwamm mit unregelmäßigen, perforierten Wänden, Länge: 10 cm.

Receptaculites, Ordovizium bis Devon, kugelförmig oder flach, Verwandtschaft unbekannt, Durchmesser: 15 cm.

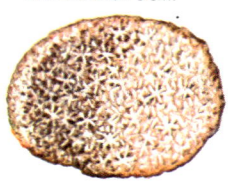

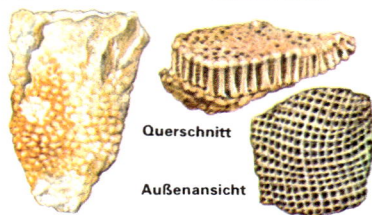

Querschnitt

Außenansicht

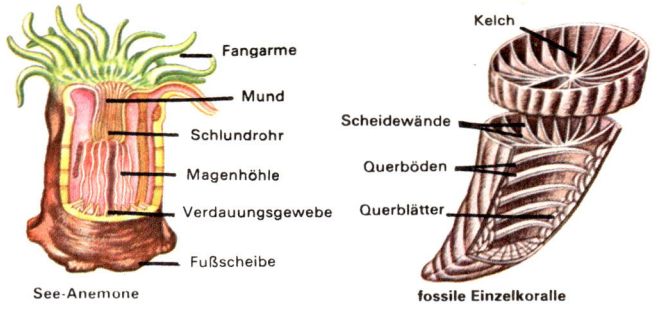

Fangarme
Mund
Schlundrohr
Magenhöhle
Verdauungsgewebe
Fußscheibe

See-Anemone

Kelch
Scheidewände
Querböden
Querblätter

fossile Einzelkoralle

Die Hohltiere, einfache Wassertiere, umfassen die Korallen, Seeanemonen, Medusen, Federkorallen, die zarte Hydra und die ausgestorbenen Stromatoporoiden. Die meisten leben im Meer, viele in Kolonien. Ihr Körper hat die Form eines doppelwandigen Sackes und eine einzige von Fangarmen umgebene Öffnung. Die Hohltiere haben Nesselzellen (Nematocysten), aber ihnen fehlt das fortentwickelte Organsystem für Atmung, Exkretion sowie das Narvensystem der höhrern Tiere. Quallen haben keine harten Teile, aber Korallen und ihre Verwandten scheiden hornige oder kalkige «Skelette» aus. Die Körper der Hohltiere zeigen eine radiale Symmetrie. Ihre Fortpflanzung wechselt zwischen einem geschlechtlichen (freischwimmende Medusen) und einem ungeschlechtlichen Stadium (angewachsene Polypen) ab.

Die Korallen sind wichtige Riffbauer. Manche tropischen Inseln bestehen ganz oder teilweise aus Korallenkalkstein. Die lebenden, riffbauenden Korallen sind auf eine äquatoriale Zone mit warmem Flachwasser beschränkt. Die meisten erfordern eine Wassertemperatur von mindestens 21 C. Sie gedeihen nicht auf schlammigem Grund und wegen der Dunkelheit nicht in Tiefen über 50 m. Die fossilen Riffkorallen haben eine größere Ausdehnung. Ihre gleichzeitige Gegenwart in der Arktis und Antarktis deutet auf klimatische Bedingungen, die von den heutigen sehr verschieden waren. Fossile Hohltiere wurden vom Kambrium bis heute gefunden.

Die fossilen Hohltiere umfassen die Stromatoporoiden, ausgestorbene, schwammähnliche, kolonienbildende Formen mit kugeligem Kalkskelett, verzweigt oder überkrustet (Kambrium bis Kreidezeit). Die Korallen (Klasse der Anthozoen) umfassen fünf große Gruppen, von denen drei ausge-

Außenseite mit Poren

Innenseite mit Schich

Stromatoporoiden

Tabulaten-Koralle
Favosites

Schizo-Koralle
Chaetetes

Tetra-Koralle
Caninia

Octo-Koralle
Schmuckkoralle

Hexa-Koralle
Madrepora
▼

▲

storben sind. Die Tabulaten-Korallen (Ordovizium bis Jura) haben gut entwickelte Tafeln, schwache oder keine Scheidewände und keine Columella. Die Schizokorallen (Chätediden, Ordovizium bis Jura), oft unter die Tabulaten-Korallen eingeordnet, vermehren sich durch Spaltung (Teilung) und haben im allgemeinen keine echten Scheidewände. Bei den Tetrakorallen oder Rugosen sind die Hauptscheidewände in vier Quadranten angeordnet. Die Einzelkorallen werden Hornkorallen genannt (Ordovizium bis Perm). Die zwei lebenden Korallenunterklassen sind die Oktokorallen (Alcyonarien, Trias bis Neuzeit) mit Horn- oder Kalkskelett und acht Tentakeln (Fangarmen) und die Hexakorallen (Trias bis Jurazeit) mit einem Vielfachen von sechs Scheidewänden, die in der Gesamtheit ein Korallenriff bilden.

Korallen des Paläozoikums

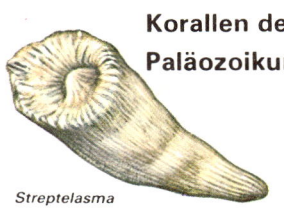

Streptelasma

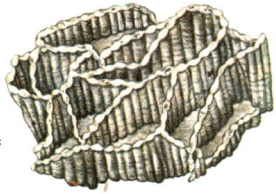

Halysites

Streptelasma, Ordovizium bis Devon, tiefer Kelch, Septen zahlreich, von verschiedener Länge, an der Peripherie verdickt, Querblätter schwach, Länge: ca. 5 cm.

Halysites, Ober-Ordovizium bis Unter-Devon, Kolonien in kleinen Ketten angeordnet. Scheidewände schwach oder fehlend, mit starken Böden, Durchmesser einer Kolonie: 5–7,5 cm.

Lithostrotion, Karbon, Koloniekorallen mit zylindrischen oder prismatischen Einzelkorallen, starken Scheidewänden. Größter Durchmesser der Einzelkoralle: ungefähr 1,25 cm. Periphere Querblätter.

Cystiphyllum, Silur bis Devon, einzeln oder in Kolonien in verschiedener Form. Länge: ungefähr 5 cm.

Syringopora, Silur bis Oberkarbon, Koloniekoralle; die Einzelkoralle mit deutlichen Querverbindungen, Durchmesser einer Kolonie: ungefähr 7,5 cm.

Lophophyllidium, Ober-Karbon bis Perm, Koralle mit hervorragender Mittelsäule, Scheidewände von unterschiedlicher Länge, Boden bogenförmig gewölbt, keine Querblätter, Länge: ungefähr 2,5 cm.

Neozaphrentis, Unterkarbon, Einzelkoralle mit einer langen Hauptscheidewand und schräger Einkerbung auf der konvexen Seite. Unvollständiger Boden, keine Querblätter, Länge: ungefähr 2,5 cm.

Lithostrotion

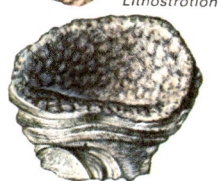

Cystiphyllum

Neozaphrentis

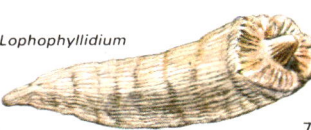

Syringopora

Lophophyllidium

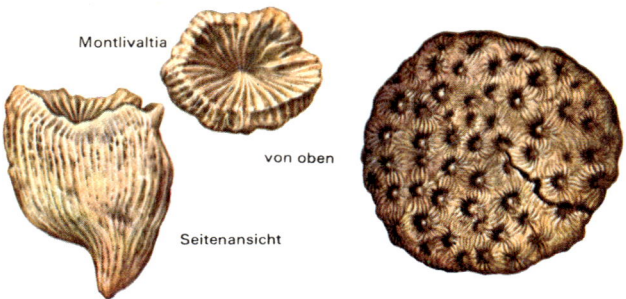

Montlivaltia

von oben

Seitenansicht

Hohltiere des Mesozoikums und der Neuzeit

Montlivaltia, Trias bis Tertiär, Einzelkoralle, konisch oder abgeflacht, faltige Oberfläche, zahlreiche Scheidewände, Außenrand gezähnt oder gestreift. Querblätter zahlreich, Länge: 2,5 – 8,5 cm.

Stylaster, Eozän bis Neuzeit, hat feine Zweige und strahlenförmige Öffnungen, gelegentlich auch Höhlungen mit wulstigem Rand. Länge eines typischen Zweiges: 5 – 7,5 cm.

Thamnasteria, Trias bis Tertiär, Koloniekoralle, mit eingedrückter blumenähnlicher Oberfläche, Wände der Einzelkorallen undeutlich, die starken Scheidewände vereinigen die anliegenden Korallen. Mittelsäulchen reduziert, Durchmesser der Kolonie: 7,5 – 10 cm.

Eusmilia, Oligozän bis Neuzeit, steinige Koloniekoralle, mit vorspringenden, auf der Außenwand sichtbaren Scheidewänden. Kein Mittelsäulchen. Länge: ungefähr 4 cm.

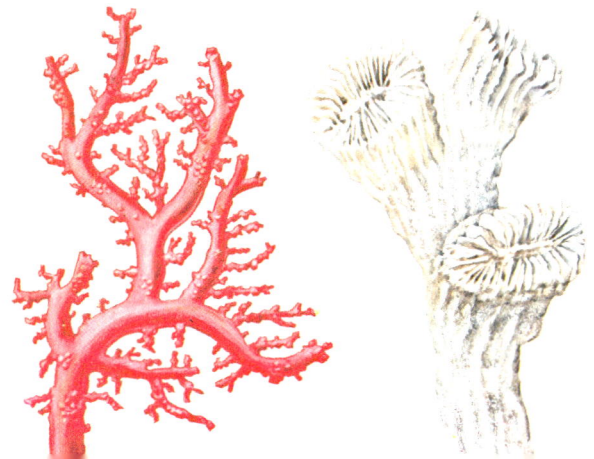

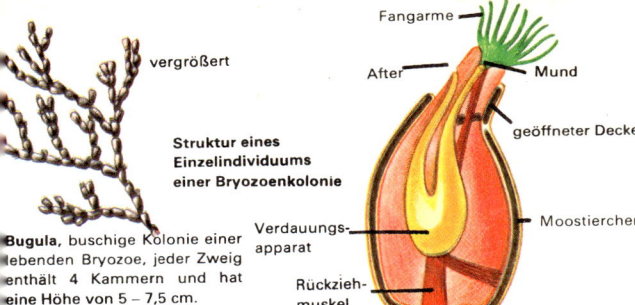

vergrößert

Struktur eines
Einzelindividuums
einer Bryozoenkolonie

Fangarme

After

Mund

geöffneter Deckel

Moostierchen

Verdauungs-
apparat

Rückzieh-
muskel

Bugula, buschige Kolonie einer lebenden Bryozoe, jeder Zweig enthält 4 Kammern und hat eine Höhe von 5 – 7,5 cm.

Die Bryozoen (Moostierchen) sind Wassertiere, die in überkrusteten, verzweigten oder fächerförmigen Kolonien wachsen. Die Struktur des Gerüstes ist hornig oder kalkig, und die winzigen Einzeltiere wohnen in kleinen Bechern. Die Moostierchen sind den Korallen ähnlich, sind aber komplexer gebaut. Sie besitzen Muskeln, ein Nervensystem und einen vollständigen, U-förmigen Verdauungskanal. Die meisten Moostierchen sind Meeresbewohner und liefern relativ weitverbreitete Fossilien. Sie sind mit dem unbewaffneten Auge kaum sichtbar, aber für die Bestimmung der zusammengehörigen Leithorizonte nützlich. (Ordovizium bis Gegenwart).

Archimedes, Perm, Kolonie filigranartig, die sich um eine schraubenförmige Achse entwickelt hat, Länge: 2,5 – 5 cm.

Rhombopora, Ordovizium bis Perm, Zweige dünn, sichtbare Öffnungen, oft mit Stacheln, Länge: ungefähr 0.8 cm.

Fenestrellina, Silur bis Perm, Kolonie in Form eines Fächers, zwei Reihen von Öffnungen, ungefähr 5 cm lang.

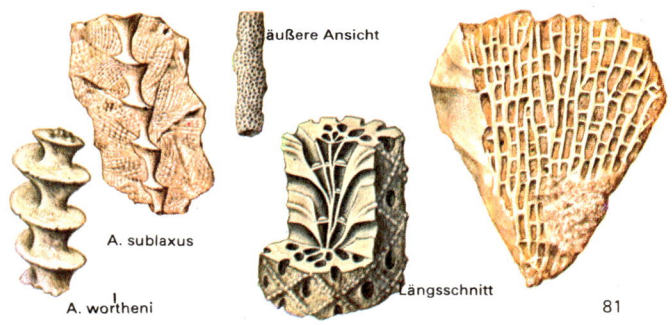

äußere Ansicht

A. sublaxus

A. wortheni

Längsschnitt

Die Armfüßer oder Brachiopoden sind kleine wirbellose Meerestiere. Ihre verschiedenartig geformten Schalen umschließen einen weichen Körper sowie andere innere Strukturen, die wichtig für die Bestimmung sind. Die Schalen bestehen aus zwei ungleichen Klappen. Am hinteren Ende der einen Klappe (Bauch- oder Stielklappe) befindet sich eine Öffnung, durch die ein fleischiger Stiel, mit dem die Armfüßer sich am Untergrund befestigen, austritt. Die andere Klappe ist die Rücken- oder Armklappe. Die Schalen der ungegliederten Armfüßer bestehen aus Chitin und Calciumphosphat und werden nur durch Muskeln zusammengehalten. Bei der zweiten, wichtigeren Gruppe, den gegliederten Armfüßern, werden die zwei Kalkschalen eines Tieres durch ein Schloß mit Zähnen und Zahngruben und durch Muskeln zusammengehalten. Es gibt ungefähr 280 lebende Arten und etwa 30 000 fossile Formen, welche man vom Kambrium bis zur Neuzeit findet. Die Armfüßer des Kambriums sind meistens ungegliedert.

Die Armfüßer gehören zu den häufigsten Fossilien des Erdaltertums. Einige erreichten eine Länge bis zu 23 cm, die meisten hatten einen Durchmesser von etwa 2,5 cm.

Ungegliederte Armfüßer

Lingula, Ordovizium bis heute. Dieses lebende «Fossil» ist weit verbreitet. Es gräbt sich ein und hat eine dünne Phosphatschale und einen langen Stiel. Länge: ungefähr 2,5 – 4 cm.

Obolella, Unteres Kambrium, kreisförmige Klappen mit feinen, konzentrischen Zuwachslinien, Länge ungefähr 0,5 cm.

Lingulella, Kambrium bis Unteres Ordovizium, tropfenförmig, mit einer Furche in der Bauchklappe. Länge: höchstens 2,5 cm.

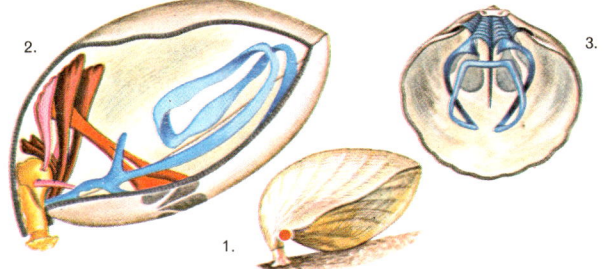

Gegliederte Armfüßer

Ein gegliederter Armfüßer, Magellania, zeigt: 1. oben die Bauch- oder Stielklappe und unten die Rücken- oder Armklappe. Der rote Punkt bezeichnet das Ende des Schloßrandes. Die innere Struktur umfaßt das Armgerüst (blau), die Muskeln (rot), die Muskeleindrücke (grau) und den Stiel (gelb). 3. Das Innere der Bauchklappe zeigt das schleifenförmige Armgerüst (blau), die Eindrücke der Muskeln (grau) und die Gelenkhöhle (schwarz).

Obwohl ausgewachsene Formen festsitzend sind, beginnen sie ihr Larvenstadium freischwimmend, wodurch ihre große geographische Ausbreitung erklärt wird. Die Abwesenheit des Stielloches deutet darauf hin, daß gewisse Armfüßer keinen Stiel besaßen. Fast alle Formen lebten im Flachwasser. Das gilt auch für die lebenden Arten, obwohl einige sich an größere Tiefen angepaßt haben.

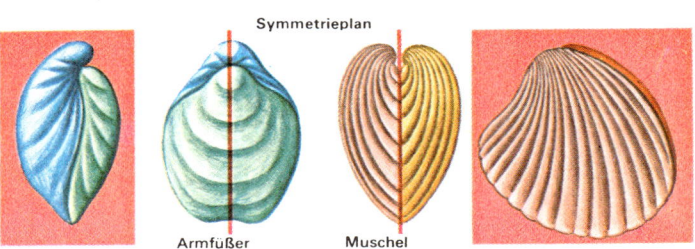

In der äußeren Erscheinung ähneln die Armfüßer den Muscheln. Beide Gruppen besitzen eine zweiseitige Symmetrie. Bei den Armfüßern teilt eine Schnittlinie jede Schale in zwei Hälften. Bei den Muscheln liegt diese Linie zwischen den zwei Schalen.

Bauchseite

Seitenprofil

Bauchseite

Rückenseite

Seitenprofil

Bauchseite

Rückenseite

Seitenprofil

Die Armfüßer (Brachiopoden)

Dinorthis, Mittleres bis Oberes Ordovizium, ist ein Beispiel für eine weitverbreitete Gruppe (Orthiden). Alle haben ein bikonvexes Profil, einen geraden Schloßrand und feine Radialrippen. Länge: 2,5 cm.

Seitenprofil

Hebertella, Mittleres bis Oberes Ordovizium, Schale massiv, mit einer mehr abgeplatteten Bauchklappe. Die Rückenklappe ist stark konvex, bisweilen mit einer Falte und feinen Radial-Rippen. Länge: 3 cm.

Zygospira, Mittleres Ordovizium bis Unteres Silur, kleine Schale mit starken Rippen, gerundete Form und bikonvexes Seitenprofil, Bauchklappe, tiefer als Rückenklappe, hat eine Falte. Länge: 0,75 – 1,5 cm.

Rafinesquina, Mittleres bis Oberes Ordovizium, Schale groß, flach, halb-kreisförmig, mit langem, geradem Schloßrand. Rükkenklappe flach oder konkav, Bauchklappe konvex. Feine Rippen, deren Größe bisweilen wechselt. Das ausgewachsene Tier verlor wahrscheinlich seinen Stiel. Länge: 2 – 4 cm.

des Unteren Paläozoikums

Platystrophia, Ordovizium bis Mittleres Gotlandium, Schale massiv mit starken Rippen, konvexem Umriß und geradlinigem Schloßrand. Länge: 4,5 cm.

Rückenseite

Seitenprofil

Petrocrania auf Rafinesquina, Ordovizium bis Mittleres Perm. Ein kleiner, kalkiger, ungegliederter Armfüßer. Die Bauchklappe ist auf eine andere Schale aufgewachsen, Rückenklappe flach und konisch. Länge: 0,75 – 2,5 cm.

Lepidocyclus (Rhynchotrema), Mittleres bis Oberes Ordovizium, mit gerippten Schalen und Fischgrätenmuster, Profil kreisförmig, stark ausgebaucht, Schloßrand kurz, Rückenklappe mit einer Falte. Länge: 0,75 – 3 cm.

Bauchseite

Rückenseite

Seitenprofil

Strophomena, Mittleres bis Oberes Ordovizium, Umriß ähnlich demjenigen von Rafinesquina, konkave Bauchklappe und konvexe Rückenklappe. Stärkere Krümmung gegen den vorderen Rand, feine Rippen. Verlor wahrscheinlich seinen Stiel im Reifestadium. Länge: 1,3 – 3,5 cm.

Rückenseite

Seitenprofil

Atrypa, Mittleres Silur bis Unterdevon, Bauchklappen leicht und Rückenklappen stark gekrümmt, Rippen veränderlich, bisweilen gestreift, Fossil sehr verbreitet. Länge: 2,5 – 3,25 cm.

Rückenseite

Seitenprofil

Rückansicht

Rückseite

Seitenprofil

Dalmanella, Untersilur, kleiner Armfüßer mit kreisförmigem Umriß, Klappen convex, stark gestielt. Feine Rippen und Wachstumslinien. Länge: ungefähr 1 cm.

Seitenprofil

Bauchseite

Eospirifer, Mittleres Silur bis Unterdevon, primitiver Spirifer, nicht sehr charakteristisch. Fast ovaler Umriß, Klappe convex, eine große Falte und drei kleine Rippen. Hat spiralförmige Arme. Länge: 2,5 – 3,25 cm.

Bilobites, Oberes Ordovizium bis Unteres Devon, Umriß stark zweilappig, Schloßrand eng, sehr feine Rippen. Länge: ungefähr 0,75 cm.

Rückenseite

Vorderansicht

2 Bauchansichten

Schuchertella, Unterdevon bis Perm, Armfüßer mit großem Schloßrand, Klappe flach oder schwach eingebogen, Rippen fein, der Steinkern ist charakteristisch. Länge: ungefähr 2,5 cm.

Steinkern

Seitenprofil

Meristina, Mittleres Silur, große Schale, schwach konvex mit einer großen Falte auf der Rückenklappe. Aussehen: glatt. Andere charakteristische Merkmale befinden sich im Steinkern. Länge: ca. 2,5 cm.

Seitenprofil

Ruckenseite

Bauchklappe

Steinkern

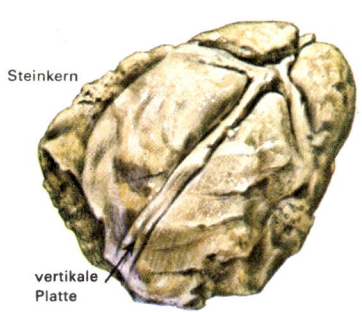

Pentamerus, Mittleres Silur, große Schale, stark konvex, mit glatten Klappen und starkem Schnabel. Die Steinkerne zeigen eine starke Vertikalplatte in der Bauchklappe. Länge: maximal 7,5 cm.

vertikale Platte

Rhynchotreta, Silur, dreieckiger Umriß mit einem zugespitzten Schnabel, einer vorspringenden Stielöffnung und sehr starken Rippen. Länge: 1,25 cm.

Rückenseite

Bauchseite

Seitenprofil

Bauchseite

Armfüßer

Seitenprofil

Leptaena, sehr verbreitete Armfüßer vom Mittleren Ordovizium bis zum Unteren Karbon. Bauchklappe konvex, Rückenklappe konkav, was der Schale ein ungewöhnliches Profil gibt. Die Klappen sind am Vorderrand und an den Seiten gebuchtet. Die Oberfläche ist mit feinen Radialrippen und konzentrischen Wachstumszonen bedeckt. Länge 2,5 – 3,75 cm.

Stropheodonta, Devon, Umriß halbkreisförmig, mit breitem Schloßrand. Rückenklappe konkav, Bauchklappe konvex. Rippen fein, große Muskeleindrücke. Länge: höchstens etwa 2,5 cm.

Cyrtina, Mittelsilur bis Unterkarbon, hat eine große, dreieckige Fläche zwischen Schloßrand und Schnabel der stark gebogenen Bauchklappe. Öffnung groß, kleine konvexe Rückenklappe. Länge: 1,75 cm.

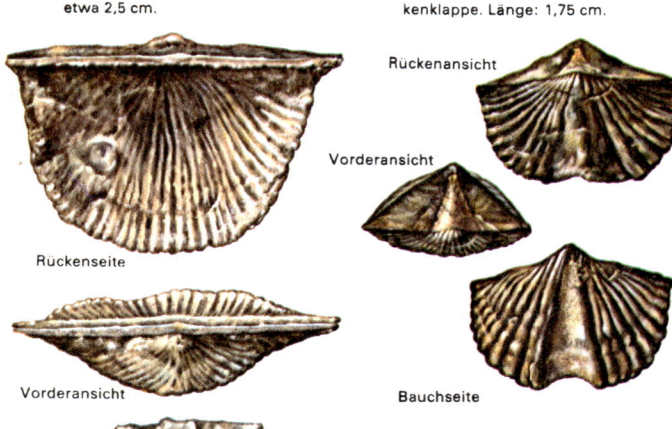

Rückenseite

Vorderansicht

Rückenansicht

Vorderansicht

Bauchseite

Bauchseite

Lingula, Ordovizium bis heute, ungegliederter Armfüßer, tropfenförmige, breite Schale mit ziemlich flachem Profil und geradem Vorderrand. Lebende Arten siehe S. 82. Länge: 2,5 – 3,75 cm.

Rücken-
seite

Seitenprofil

Dielasma, Unterkarbon bis Perm, Umriß länglich-oval, die zwei Klappen sind leicht konvex, die glatte Oberfläche wenig verziert. Länge: ca. 2 cm.

Spirifer, Karbon, charakteristisches Glied der Spiriferen-Gruppe, in zahlreichen Schichten des Erdaltertums vorkommend. Zeigt große Verschiedenheiten in der Form, hat aber innen spiralförmige Armgerüste, einen mehr oder weniger dreieckigen Umriß und meistens radiale Rippen. Spirifer selbst hat einen langen Schloßrand, starke Rippen und ein konvexes Profil mit einer beachtlichen Falte. Bei manchen Arten ist die innere Struktur für die Bestimmung wichtig. Länge: ungefähr 2,5 cm.

Orbiculoidea, Ordovizium bis Perm, wirbellos, Rückenklappe dunkelfarbig, glänzend; kreisförmiger Umriß mit feinen, konzentrischen Linien. Die Spitze dieser Klappe ist oft leicht exzentrisch, Durchmesser: ungefähr 1,25 cm.

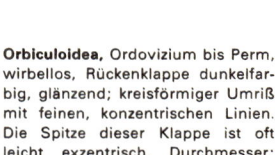

Bauchseite

Seitenprofil

Vorderansicht

Mucrospirifer, Mittleres bis Oberes Devon, Schloßrand viel länger als bei Spirifer, Schale oft mit Flügeln, beachtliche Rippen und Falten vorhanden. Länge: 2,5 cm.

Rückenansicht

Seitenprofil

Seitenprofil

Rücken-
seite

Neospirifer, Oberkarbon bis Perm, Großer Spirifer, massiv, mit dicker Schale. Profil konvex, Schloßrand vorspringend, starke Rippen, unterschiedlich gefaltet; allgemein verbreitet in der ganzen zentralen Region des amerikanischen Kontinents. Länge: 2,5 bis 3,25 cm.

Bauchklappe

außen

innen

Gegliederte

Seitenprofil

Rückenseite

Bauchseite

Rückenseite

Seitenprofil

Mesolobus, Oberkarbon, Schloßrand lang und gerade, Umfang halbkreisförmig, Profil zusammengedrückt. Die Falten auf der Rückenklappe sind nicht tief, Rippen sehr fein. Länge: ungefähr 0,75 cm.

Dictyoclostus, Unterkarbon bis Perm, Schale groß mit langem Schloßrand und massivem Schnabel. Vorspringende Rippen mit einigen konzentrischen Zuwachszonen und einigen Stacheln, Bauchklappe konvex. Länge: 2,5 – 3 cm.

Chonetes, Mittleres Silur bis Perm, hat einen halbkreisförmigen Umriß, Schloßrand lang mit Stacheln an den Seiten. Rückenklappe konkav, Bauchklappe konvex. Rippen und Zuwachszonen fein. Länge: 1 – 2,3 cm.

Terebratula, Unterkarbon bis Perm, halbkreisförmiger Umfang und konvexes Profil. Schale sehr glatt, feine Zuwachszonen. Unter der Bauchklappe eine Furche. Größte Länge: 2,5 cm.

Bauch- | Rücken- | Seiten-
seite | seite | profil

Juresania, Oberkarbon bis Perm, Schale mit halbkreisförmigem Umfang, Schloß-rand gerade, vorspringender Schnabel. Bauchklappe stark konvex, Rückenklappe konkav, Stacheln oder Reste davon auf beiden Klappen, Länge: ungefähr 3,75 cm.

Armfüßer

Marginifera, Unterkarbon bis Perm, kleine Schale mit langem Schloß-rand, Bauchklappe stark konvex, Rückenklappe konkav. Rippen mit-telmäßig. Schale mit einigen Sta-cheln und hervorspringenden Rip-pen. Länge: 1,25 – 2,5 cm.

Linoproductus, Unterkarbon bis Perm, Bauchklappe sehr hoch, ge-gen den Schloßrand gerunzelt und gegen den Schnabel stark gebogen, Rippen vorspringend und gewun-den. Länge: etwa 2,5 cm.

Enteletes, Oberkarbon bis Perm, kleine Schale, Umfang und Profil kugelig, Oberfläche der Schale wel-lig mit sehr feinen Rippen. Länge: 1,25 cm.

Rhynchonella, Ordovizium bis heute, Sammelname für eine Gruppe von verbreiteten Armfüßern (Rhynchonelliden) mit dreieckigem Umriß und kurzem Schloßrand. Die meisten haben ein konvexes Profil, starke Rippen und eine Furche. Länge: 1,25 – 3,75 cm.

Rückenseite

Bauchseite   Seitenprofil

Seitenprofil   Rückenseite

Seitenprofil   Rückenseite

Nereis, Ringelwurm
im Sand lebend

Die Ringelwürmer (oben) und entsprechende Formen hinterließen nur selten Fossilien. Die Tiere spielen im geologischene Geschehen eine wichtige Rolle, weil sie Sand und Erde durch ihren Verdauungskanal passieren lassen. Gefunden wurden fossile Bohrwürmer, Abdrücke und fossile Spuren von Würmern. Winzige Stücke der Kiefer (Scolecodonten) von marinen Würmern sind verbreitete Mikrofossilien. Einige Meereswürmer bilden durch Kalkausscheidung Röhren, die fossil werden können, und die konischen und pyramidenförmigen Fossilien – wie Tentakuliten und Conularien – könnten Reste von wurmähnlichen Tieren darstellen. (Präkambrium bis heute.)

Scolecodontes, Ordovizium bis heute, kleine chitinöse Fossilien (Kiefer von marinen Ringelwürmern).

Conularia. Maximale Länge: 15 cm, Ordovizium bis Jura.

Tentaculites. Maximale Länge: 5 cm, Ordovizium bis Devon. Ausgestorbene, unbekannte Formen, ohne Zweifel von Würmern stammend.

Serpula, Silur bis heute. Unregelmäßige Kalkröhren, auf einem Armfüßer angeheftet. Ausscheidungen kleiner Würmer, Länge: 0,5 cm.

Durchbohrungen von Sedimentgesteinen und Muschelschalen durch Würmer, verlaufen oft senkrecht zur Schichtung.

Trilobit   Schwertschwanz   Insekt

Die Gliederfüßer bilden einen wichtigen Stamm der wirbellosen Tiere. Sie besitzen einen gegliederten Körper, paarige Gliedmaßen, eine harte Außenschale mit dehnbarer Gliederung; Nervensystem, Blutkreislauf, Verdauungstrakt und Fortpflanzungsorgane sind gut entwickelt. Sieben große Gruppen von Gliederfüßern (Spinnen, Zecken, Hundertfüßer, Hummer, Krabben, Seepocken, Insekten) umfassen mehr als eine Million Arten von großer Differenziertheit. Dieser stark vergrößerte Stamm ist von Fachleuten in Klassen mit verschiedenartigen Formen eingeteilt worden. Wir nennen unten die vier wichtigsten.

Wichtige fossile Gliederfüßer

Trilobiten (S. 94 – 97), Kambrium bis Perm, allgemein verbreitete Gliedertiere des Meeres, Körper dreiteilig, auffallend segmentiert. Länge: 0,6 – 67 cm. Bezeichnung der einzelnen Teile, S. 74.

Krustentiere (S. 88 – 100), Kambrium bis heute. Allgemein verbreitet. Hauptsächlich Wassertiere mit zwei Paar Fühlern und meist mehreren Paaren mehrfach gegabelter Gliedmaßen. Krabben, Hummer, Garnelen und die Muschelkrebse gehören zu den Krustentieren.

Die Kieferfühler (S. 101 – 102), Kambrium bis heute. Keine Fühler. Die Gliedmaßen können zu Zangen umgewandelt sein; zu dieser Gruppe gehören sowohl Lungenatmer (Skorpione, Milben, Zecken und Spinnen) wie auch Kiemenatmer (Eurypteriden).

Die Insekten (S. 103), Devon bis heute. Geflügelte Gliederfüßer, gewöhnlich mit 3 Paar Gehfüßen. Sie sind die zahlreichsten Gliederfüßer sowohl in Arten als auch in Einzelindividuen. Sie leben auf dem Lande und im Süßwasser.

Die Trilobiten (Kambrium bis Perm) sind ausgestorbene Gliederfüßer des Meeres von großer Unterschiedlichkeit und als charakteristische Fossilien des Erdaltertums sehr wichtig. Ihr Körper besteht aus drei Hauptteilen und ihre Brust hat drei lappige Abschnitte. Sie waren wahrscheinlich im Meeresboden wühlende Räuber.

Trilobiten des Kambriums

Olenellus, Unteres Kambrium, Kopf halbkreisförmig, große halbmondförmige Augen, eine lange, segmentierte Glabella, verlängerte Brust mit vielen Segmenten, die ersten 15 normal, der Rest enger. Bisweilen mit Stacheln versehen. Länge: 22 cm.

Agnostus, Kambrium, Kopf und Schwanz von kleinem Wuchs, keine Augen, Brust aus zwei Segmenten gebildet, Länge: ungefähr 0,5 cm.

Callavia, Unterkambrium der Meeresregionen von Westeuropa und Kanada, ovaler Umriß, ein halbkreisförmiger Kopf, lange, schmale Glabella mit einem langen Stachel, Augen halbmondförmig, Schwanzschild sehr klein, maximale Länge: ca. 15 cm.

Elrathia, Mittleres Kambrium, Umriß oval, halbkreisförmiger Kopf mit breiter, kurzer Glabella, Schwanzschild flach mit glattem Rand, Länge: 2,5 – 6 cm.

Ogygopsis, Mittleres Kambrium, hat einen halbkreisförmigen, großen Kopf- und Schwanzschild und kleine Augen, Brustsegmente gerippt, Segmentation des Schwanzschildes auffallend, maximale Länge ca. 7,5 cm. ▶

▲

Ptychoparia, Mittleres Kambrium, Kopf breit, halbkreisförmig mit kegelförmiger Glabella, Augen klein, Länge: ca. 9 cm.

▲

Eodiscus, Unteres bis Mittleres Kambrium, ähnlich Agnostus, mit kurzer, einen Stachel tragenden Glabella, deutlichem Schwanzschild. Länge: ungefähr 0,75 cm.

Conocoryphe, Mittleres Kambrium, im westlichen Nordamerika und Europa, ungefähr den Ptychoparia ähnlich, aber ohne Augen. 14 – 15 Brustsegmente, kleiner, glatter Schwanzschild, Glabella kurz und zugespitzt. Länge: ca. 5 cm. ▶

Bathyuriscus, Mittleres Kambrium, Glabella gefurcht, halbkreisförmige Augen, 7 – 9 Brustsegmente, Schwanzschild halbkreisförmig, gut segmentiert, Länge: ca. 3,75 cm.

Paradoxides, Mittleres Kambrium, große Form, Kopf halbkreisförmig, Glabella nach vorn verbreitert, Brustsegmente dick und Schwanzschild klein. Länge: 25 cm.

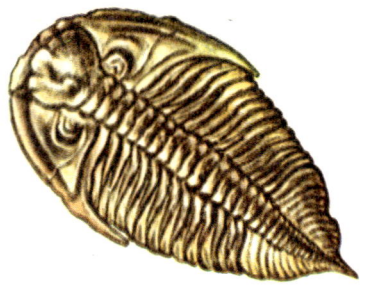

Trilobiten des Unteren und

Dalmanites, Silur bis Unterdevon, Glabella verlängert und gefurcht, große, vorstehende Augen mit zahlreichen Facetten und gefurchten, stachelspitzigen Brustsegmenten, Länge: normal 7,5 cm, maximal 15 cm.

Flexicalymene, Ordovizium bis Silur, ähnlich Calymene, mit einem lippenähnlichen Rand, kommt allgemein in Europa und Nordamerika vor. Länge: maximal 5 cm.
Vorder- und Rückenseite eines eingerollten Exemplares.

Dikelocephalus, Oberes Kambrium, großer Kopf mit breitem Rand, Glabella kurz, abgerundet, gefurcht. 12 Brustsegmente, Schwanzschild mit zwei Stacheln, Länge: maximal ca. 15 cm.

Trinucleus, Ordovizium, Gruppe der Trilobiten mit breitem perforiertem Rand und ausgebauchter Glabella. Keine Augen. Länge: 2,5 cm.

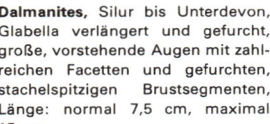

Calymene, Silur bis Mitteldevon, glatter Trilobit mit gefurchter Glabella, 13 gefurchte Brustsegmente. Schwanzschild halbkreisförmig. Länge: 3,25 – 7,5 cm.

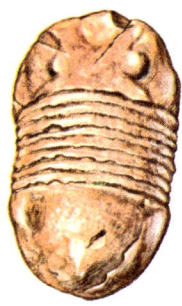

Mittleren Paläozoikums

Bumastus, Ordovizium bis Silur, hat einen ovalen Umfang, breite Mittelloben, Kopf kugelig, Schwanzschild ohne Segmente. Augen nierenförmig. Länge: maximal ca. 10 cm.

Isotelus, Ordovizium, Kopf- und Schwanzschild glatt und dreieckig, Glabella aufgebläht und ohne Rippen, Brustsegmente mit breitem Mittelteil. Länge: ca. 10 cm.

Asaphus (eingerolltes Exemplar), Ordovizium, großer, halbkreisförmiger Kopf mit undeutlicher Glabella, 8 Brustsegmente mit dicken Rippen, Achse breit, Länge: ca. 7,5 cm.

Phacops, Silur bis Devon, Kopf halbkreisförmig mit aufgebauchter Glabella. Länge: 5 – 7,5 cm. Große vorstehende Augen mit vielen Facetten.

Griffithides, Unterkarbon, Umriß oval, Glabella nach vorn verbreitert und gestreift, Augen klein, 9 Brustsegmente, Schwanzschild mit 13 bis 16 Segmenten. Länge: 5 cm. ▼

Krustentiere stellen eine große, wichtige Gruppe von Gliederfüßern des Meeres, des Süßwassers und des Festlandes dar. Meeresformen, heute allgemein bekannt und wichtig, sind die Krabben, Hummer, Garneelen und Seepocken. Die Krebse leben im Süßwasser, nur die Kellerasseln auf dem Land. Die Krustentiere entwickeln sich durch verschiedene Larvenstadien und häuten sich, d. h. sie wechseln ihre Panzer während ihres Wachstums. Sie besitzen zwei Paar Fühler; die meisten atmen durch Kiemen.

Leperditia, Untersilur bis Oberdevon, große längliche Schale, Gelenkrand kurz und geradlinig, Klappen ungleich. Länge: ca. 1 cm.

Drepanella, Mittleres Ordovizium bis Unteres Silur. Gelenkrand gerade, langer Randgrat, zwei oder mehrere getrennte Lappen. Länge: 0,25 cm.

Muschelkrebse sind die kleinsten zweischaligen Krustentiere, die den Ozean bevölkern, sie leben aber auch im Süßwasser. Das Tier besitzt eine seitlich zusammengepreßte Schale, die am oberen Rand verankert ist. Eine Klappe überragt öfters die andere. Die Schalen zeigen Loben (Lappen), Durchlöcherungen, Stacheln oder Rippen. Muschelkrebse häuten sich in dem Maße wie sie wachsen, und ihre Larven findet man oft in fossilem Zustand. Weil sie häufig und weitverbreitet sind, dienen sie vom Kambrium bis zur Jetztzeit als Leitfossilien.

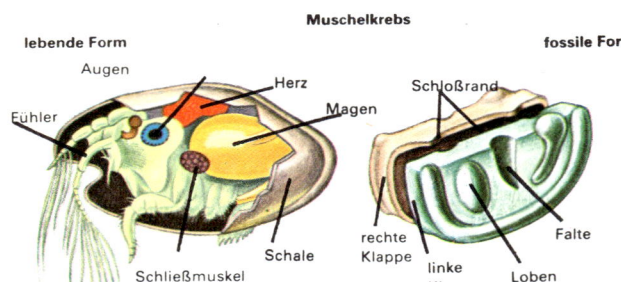

Muschelkrebs

lebende Form

fossile Form

Augen

Herz

Schloßrand

Fühler

Magen

rechte Klappe

Falte

Schale

linke Klappe

Loben

Schließmuskel

Fossile Muschelkrebse

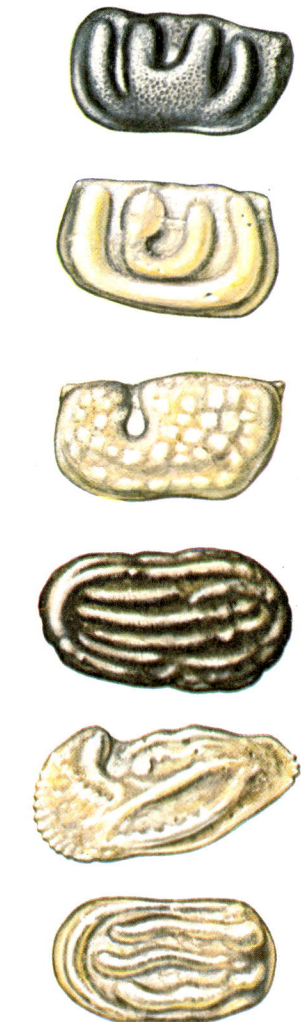

Dizygopleura, Silur bis Devon. Umfang fast rechteckig, 4 starke vertikale Lappen, die im Inneren bauchseits zusammenhängen; die linke Klappe überlappt die rechte. Länge: 0,1 cm.

Bollia, Ordovizium bis Devon, gewöhnlich besitzen sie einen wulstigen, langen Außengrat, mit dem ein zweiter Grat im Zentrum parallel läuft und eine hufeisenförmige Rippe bildet. Die Oberfläche ist gewöhnlich perforiert. Länge: 0,1 cm.

Kirkbyella, Mittelsilur bis Oberkarbon. Muschelkrebs mit gleichförmigen Schalen, Falte in Form einer Einkerbung am Rückenrand. Im Umfang fast oval bis rechteckig, Oberfläche netzartig oder perforiert, Länge: 0,1 cm.

Glyptopleura, Unterkarbon bis Perm. Umfang fast oval mit geradem Gelenkrand. Klappen ungleich, die rechte überlappt die linke. Die mittlere Kerbe und die horizontalen Rippen sind vorspringend.

Cythereis, Kreide bis heute. Vorderende vertieft, Hinterende zusammengepreßt und abgerundet. Klappen unregelmäßig, Vorder- und Hinterrand geradlinig. Verzierung wechselnd, Gelenkrand von zusammengesetzter Struktur. Länge: 0,07 cm.

Cytherolloidea, Jura bis heute. Umriß fast oval mit geradlinigem Gelenkrand. Verzierung wechselnd, im allgemeinen einige starke, horizontale Rippen. Länge: 0,07 cm.

Seepocke (Balanus), Eozän bis heute. Die Schale ist aus 6 festen und zwei beweglichen Platten pyramidenförmig zusammengesetzt. Sie entwickelt sich auf Felsen im Ebbeniveau; maximale Größe: etwa 5 cm.

Entenmuscheln (Lepatiden) haben einen langen Stiel, den Seepocken ähnliche Platten, die aber breiter, dünn und glatt sind. Es handelt sich vielleicht um eine primitive Form.

Die Rankenfußkrebse sind ungewöhnliche Krustentiere. Sie haben freischwimmende Larven, setzen sich mit dem Kopf nach unten fest und umgeben sich mit Kalkplatten. Diese Tiere finden ihre Nahrung durch die federförmigen Anhängsel. Sie sind fossil nicht häufig, jedoch bereits aus dem frühen Paläozoikum bekannt. Einige parasitische Formen haben keine Schale.

Garnelen, Krabben, Hummer sind den Kellerasseln und Krebsen ähnlich. Alle häuten sich mehrmals, indem sie beim Wachsen ihre Panzer abwerfen. Diese wichtige, heute aktuelle Gruppe ist als Fossil seltener.

Aeger, Jura, garnelenähnlich, mit seitlich zusammengedrücktem Korper und einem verlängerten, schnabelförmigen Fortsatz (Rostrum), charakteristischen Gliedmaßen und einem langen Hinterleib. Länge maximal 15 cm.

Eryon, Jura, kleiner, hummerähnlicher Zehnfüßer mit einem sehr großen Rückenschild, dem Hinterleib an Länge ungefähr gleich. Länge: ca. 10 cm.

Die Eurypteriden, sehr nahe verwandt mit den Molukken-krebsen, lebten vom Ordovizium bis Perm, am häufigsten jedoch im Silur. Manche erreichten eine Länge von 3 m und waren damit die größten Gliederfüßer des Erdaltertums. Ihr abgeplatteter und gegliederter Körper war mit Chitin be-deckt. Ihr Zephalothorax (die Verschmelzung von Kopf und Brust) besaß zwei Paar Augen und sechs Paar Gliederfüße: 1 Paar Scheren, 4 Paar Gehfüße und 1 Paar Schwimmfüße. Auf den Zephalothorax folgten 12 Hinterleibsegmente, die sich verjüngten und im allgemeinen in einem Stachel ende-ten. Die Eurypteriden waren kräftige Schwimmer und lebten im Brackwasser. Sie waren wahrscheinlich Fleischfresser.

Stylonurus, ein Gigantostrake, Silur bis Devon, hat vorspringende, zen-trale Augen und stark verlängerte Gliedmaßen, der Kopf hat kantigen bis halbovalen Umriß. Körper ver-längert, nach hinten in einen Sta-chelschwanz endend. Länge: ca. 20 cm.

Hughmilleria, Ordovizium bis Perm, Kopf halbkreisförmig mit sehr weit voneinander entfernten, zusam-mengesetzten Augen. Umfang des Körpers rundlich und plump. Glied-maßen kurz, das letzte Paar ist größer und krebsscherenförmig. Blattförmiger Schwanz. Länge: un-gefähr 7,5 cm.

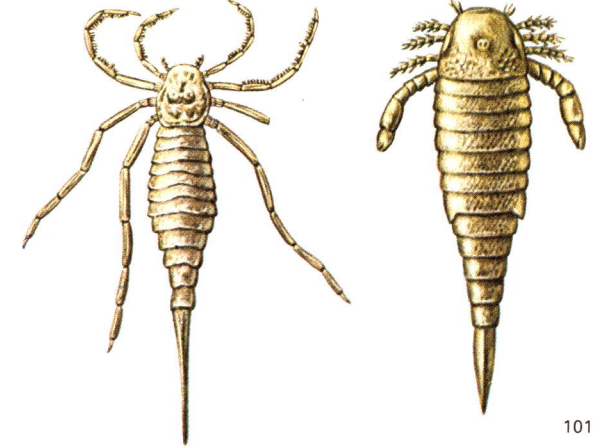

Die Spinnentiere und Vielfüßer sind hochentwickelte Gruppen von Gliederfüßern, heute allgemein verbreitet, als Fossil aber selten. Die Vielfüßer sind unter dem Namen Tausendfüßer bekannt. Die Spinnentiere sind mit den Eurypteriden verwandt und umfassen die Spinnen, Weberknechte und Skorpione.

Skorpione sind kleine Landtiere (5–20 cm) mit 5 Paar Gliedmaßen: vorn 1 Paar Scheren, 4 Paar Gehfüße sowie einen langen, gegliederten Schwanz. Fossil kommen sie seit dem Silur vor, aber es ist nicht sicher, ob die ältesten Exemplare schon Luftatmer waren.

Die Spinnen haben 8 Beine und die meisten 8 Augen. Mit Giftzangen betäuben sie ihre Beute. Der Körper ist in Zephalothorax und Hinterleib geteilt. Alle heutigen Formen haben Spinndrüsen, aber nicht alle bauen Netze. Fossile Formen kommen vom Devon bis heute vor.

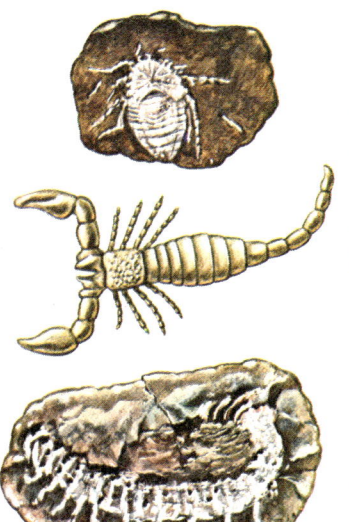

Architarbus, Oberkarbon, archaische Spinne, Glied einer Gruppe mit breit zusammengefügter Kopfbrust und verkürztem Hinterleib. Charakteristische Rückenschildform, Länge: ca. 7,5 – 10 cm.

Palaeophonus, ein primitiver Skorpion aus dem Silur mit kurzen, breiten Gliedmaßen. Kommt eher im Wasser als auf dem Land vor; Länge: 4 – 5 cm.

Acantherpestes, Oberkarbon, Riesentausendfüßer mit kurzen, segmentierten Gliedmaßen. Die ganze Gruppe ist konservativ und hat sich sehr wenig verändert. Länge: maximal ca. 20 cm.

Insekten. Die wichtigste Gruppe aller Gliederfüßer umfaßt ungefähr ¾ aller heute lebenden Tierarten. Man kennt mehr als 900 000 Arten. Einige sind sehr häufig und spielen im Menschenleben eine wichtige Rolle. Die Insekten haben sich an viele verschiedene Lebensräume angepaßt und sich in den meisten reichlich vermehrt. Sie sind deutlich in Kopf, Brust und Hinterleib unterteilt und besitzen 3 Paar Beine und 1 oder 2 Paar Flügel. Einige sind flügellos.

Insekten sind als Fossilien selten. Die ältesten sind flügellose Formen aus dem Devon. Im Oberkarbon (Insektenzeitalter) erreichten manche Insekten riesige Dimensionen. Mehr als 400 Arten sind bekannt. Zahlreiche heutige Insekten zeigen gegenüber den alten Formen des Obersilurs nur geringe Unterschiede. Die Arten des Mesozoikums sind zahlreicher, über 1000 Arten sind beschrieben worden.

Mesopsychopsis, Jura, zur Familie der Pseudo-Neuroptiden gehörend, durch ihre feinadrigen Flügel charakterisiert; Länge: ca. 2,5 cm.

Blattes (Schaben), alte, weitverbreitete Gruppe, Oberkarbon bis heute. Einige Formen erreichten eine Länge von 20 cm. Man kennt 800 Arten aus dem Oberen Paläozoikum.

Tarsophlebia, Libelle der Jurazeit, ca. 5 cm Flügelspanne. Die abstehenden Flügel sind für diese Gruppe typisch.

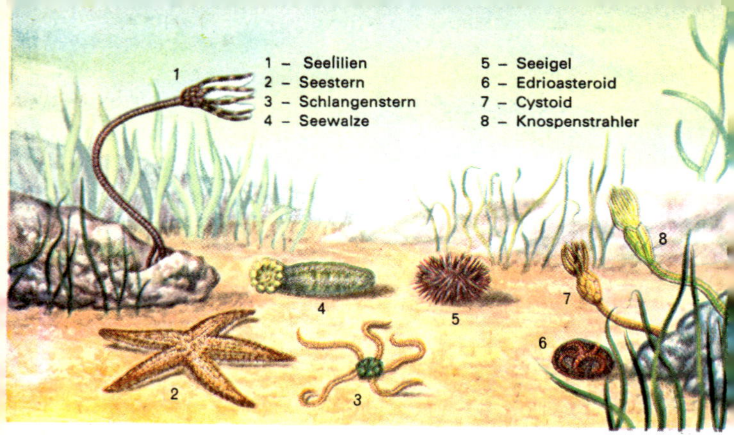

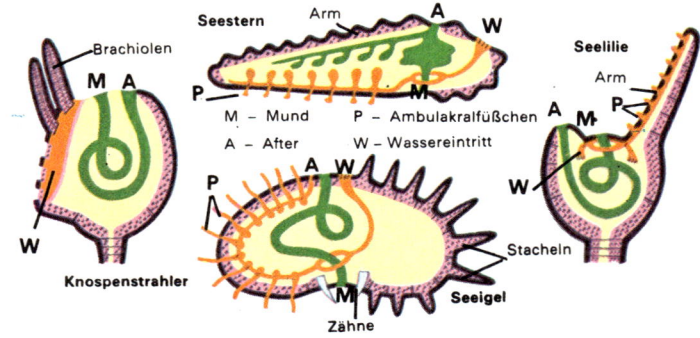

1 – Seelilien	5 – Seeigel
2 – Seestern	6 – Edrioasteroid
3 – Schlangenstern	7 – Cystoid
4 – Seewalze	8 – Knospenstrahler

Stachelhäuter   lebende (1–5) und fossile (6–8)

Stachelhäuter sind Meerestiere, deren Körper mit Kalkplatten und Stacheln bedeckt sind. Bei den Seeigeln sind die Platten fest, bei den Seesternen beweglich, bei den Seewalzen stehen die Platten vereinzelt. Edrioasteroiden, Cystoiden, Blastoiden und Crinoiden sind festsitzend, die anderen Stachelhäuter bewegen sich frei. Dieser Stamm besteht aus den oben abgebildeten 8 Klassen. Die unteren Abbildungen zeigen den typischen inneren Aufbau: Verdauungssystem (grün), Wassergefäßsystem (orange) und das Außenskelett (violett). Außerdem besitzen diese Tiere ein gut entwickeltes Nervensystem.

Brachiolen

Seestern   Arm

A W

P

M

M – Mund   P – Ambulakralfüßchen
A – After   W – Wassereintritt

Seelilie

Arm

P

A M

W

P

A W

Knospenstrahler

W

Stacheln

Seeigel

Zähne

Die Edrioasteroiden sind ausgestorbene, festsitzende Stachelhäuter mit runden oder abgeplatteten, oft unsymmetrischen Körpern, die mit unregelmäßig verteilten, beweglichen Plättchen bedeckt waren. Diese Tiere besaßen einen zentral gelegenen Mund, der von fünf langen, gewundenen Armen umgeben wurde (Kambrium bis Unterkarbon).

Die Beutelstrahler (Cystoiden) bilden eine andere ausgestorbene Gruppe von Stachelhäutern mit gerundetem oder abgeplattetem Körper, der mit zahlreichen unregelmäßigen Platten bedeckt war. Sie hatten keine gewundenen Arme wie die Edrioasteroiden (Ordovizium bis Devon).

Echinosphaerites, Ordovizium, kugelförmiger Beutelstrahler mit vielen unregelmäßigen polygonalen Platten. Zentraler Mund mit kurzen Ambulacral-Furchen, pyramidenförmiger Afterbedeckung in der Nähe des Mundes. Durchmesser: 2,2 – 5 cm.

Caryocrinites, Ordovizium bis Silur, mit kugelförmigem Körper aus breiten, regelmäßig angeordneten Platten. Mund und Ambulacralfurchen verbergen sich unter den Platten, 6 – 13 schwache Arme. Pyramidenförmige Afterplatten, langer Stiel, Durchmesser: etwa 2,5 cm.

Agelacrinites, Devon bis Unterkarbon, Edrioasteroid mit 5 schmalen, gewundenen Ambulacralfurchen, 3 nach rechts gebogen, zwei nach links. Der Rand hat hervorspringende Kreise aus kleinen Platten. Durchmesser: ca. 3,75 cm.

Hemicystites, Ordovizium bis Devon. Ein Edrioasteroid mit einem dünnen, flachen Körper und 5 kurzen radialen Armen, von einem Ring aus großen Platten und kleinen Randplatten umgeben. Durchmesser: ca. 2 cm.

Die Knospenstrahler (Blastoiden) – Ordovizium bis Perm –, eine ausgestorbene Klasse der Stachelhäuter, waren besonders im Unterkarbon verbreitet. Die Fossilien bestehen aus einem 1,25 bis 2,5 cm großen tassen- oder kelchförmigen Körper, der am Grunde mit einem kurzen Stiel befestigt war. Jeder Kelch besaß 13 Platten – symmetrisch angeordnet – mit 5 blumenblattförmigen Ambulacral-Furchen. Die weichen Teile des Tieres befanden sich in diesem Kelch (s. Abb. 74 und 104).

Codaster, Silur bis Oberkarbon, hat einen pyramidenförmigen Kelch, unten scharf zugespitzt. Basal- und Seitenplatten sind verlängert, die am Mund befindlichen kurz. Ambulacralfurchen sind kurz und dreieckig, Höhe: 1,25 – 2,5 cm.

Cryptoblastus, Unterkarbon, kugelförmiger Kelch mit drei langen Ambulacralfurchen (ohne Poren) am Außenrand. Platten längs der Seiten sind groß und überlappen diejenigen, die um den Mund stehen. Höhe ca. 1,25 cm.

Pentremites, Unter- bis Oberkarbon, hat einen kleinen, knospenähnlichen Kelch mit kleinen Basalplatten und sehr langen Seitenplatten rund um die Breitseite und blumenblattartigen Ambulacralfurchen; Höhe: ca. 2,5 - 5 cm.

Schizoblastus, Unterkarbon bis Perm, Kelch eiförmig, Platten um den Mund groß, mit vorspringenden, paarweisen Öffnungen am obersten Ende. Ambulacralfurchen sind lang und schmal. Höhe 2 cm.

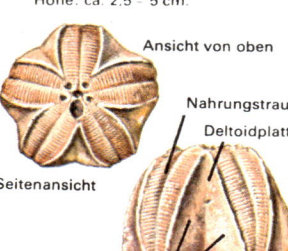

Ansicht von oben

Nahrungstraufe

Deltoidplatten

Seitenansicht

Radialplatten

Basalplatten

Ansicht von unten

Die Seelilien (Crinoiden) sind wie Blüten aussehende Stachelhäuter, die in Kolonien auf dem Meeresgrunde wachsen. Einige Formen waren freischwimmend, aber die meisten sind durch einen Stiel befestigt, der aus scheibenförmigen oder anders geformten Gliedern gebildet wird und an seinem oberen Ende einen Kelch trägt, der von einem Bündel von Armen umgeben ist. Alle haben eine 5-strahlige Symmetrie, sind aber unterschiedlich in Form, Platten und Armen. (Ordovizium bis heute)

Platycrinites, Kelch tief, aus wenig Platten zusammengesetzt, oft mit rauher Oberfläche. Die langen Arme sind verzweigt. Unterkarbon bis Perm. Maximale Höhe der Krone 7 cm, oft weniger.

Isocrinus, Trias bis Tertiär, und der ähnliche Pentacrinus haben lange verzweigte Arme und sternförmige Stengelglieder. Beide Arten sind gegliedert. Seelilien sind durch eine große Krone und einen kleinen Rückenkelch charakterisiert. Die Krone erreicht eine Länge von 6,25 cm.

Glyptocrinus, Ordovizium bis Silur. Der Kelch dieser Seelilie mit seinem sternförmigen Schmuck ist im Vergleich zu der übrigen Krone klein. Die langen Arme sind schmal und verzweigt. Maximale Höhe der Krone 6,25 cm

Taxocrinus, Devon bis Unterkarbon, hat einen kleinen Kelch, der mit massiven, verzweigten Armen umwickelt ist. Die scheibenförmigen Stengelglieder dieser und ähnlicher Formen sind die allgemein verbreiteten fossilen Seelilien-Reste. Höhe der Krone 5 cm.

sternförmiges
Stielglied

scheiben-
förmiges
Stielglied

107

Seesterne und Schlangensterne sind freibewegliche Stachelhäuter. Sie besitzen 5 breite Arme mit Saugfüßchen (Ambulacralia) längs ihrer Furchen auf der Unterseite. Die Schlangensterne haben eine zentrale Scheibe, an der 5 sehr lange Arme getrennt angeheftet sind. Die Skelettplatten bilden an diesen Armen kleine «Wirbel». Beide Gruppen sind selten fossil erhalten.

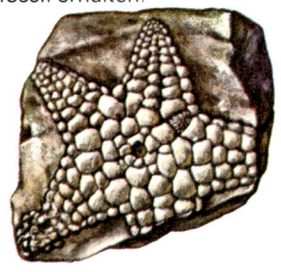

Hudsonaster, Mittleres bis Oberes Ordovizium, mit dicken, kurzen, spitz zulaufenden Armen, die mit großen, regelmäßig angeordneten Platten bedeckt sind. Hevorspringende Ambulacralfurchen auf der Unterseite. Durchmesser ca. 2,5 cm.

Mesopalaeaster (Devonaster), Ordovizium bis Devon, devonischer Seestern, mit spitzen Armen und regulärer, radialer Verzierung auf der Oberseite. Er besitzt eine Zentralscheibe mit vielen kleinen Platten. Ambulacralfurchen vorspringend, Durchmesser ca. 3,75 cm.

Urasterella, Ordovizium bis Oberkarbon, ist ein Seestern mit langen, schlanken, biegsamen Armen, aber ohne augenfällige Zentralscheibe. Er hat vorspringende Ambulacralfurchen an der Unterseite und kleine unregelmäßige Platten. Durchmesser ca. 5 cm.

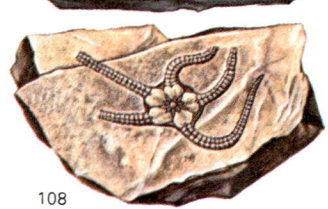

Aganaster, Unterkarbon, Schlangenstern mit einer blütengleichen Zentralscheibe und kurzen schlanken Armen. Durchmesser ca. 2,5 cm.

Die Seeigel und ihre Verwandten besitzen im allgemeinen Kugelform, sind mehr oder weniger abgeplattet oder herzförmig. Ihre Schalen (stacheltragend) sind aus kleinen Kalkplatten oft in 5-strahliger Symmetrie aufgebaut. Alle Seeigel des Paläozoikums waren regelmäßig gebaut. Die jüngeren Formen (wie Micraster) sind unregelmäßig. (Ordovizium bis heute)

Lovenechinus, Unterkarbon, große, kugelförmige Schale, lange Ambulacralfelder, jede aus vier Reihen kleiner Platten gebildet. Zwischen den Furchen befinden sich 4 – 7 Reihen großer Platten. Durchmesser 7,5 – 10 cm.

Cidaris, Obere Trias bis heute, ist der Gruppenname für Seeigel mit kugelförmiger Schale, Mund und After an entgegengesetzten Polen, Ambulacralfelder lang und schmal. Die Zwischenräume mit breiten Warzen und Stacheln. Maximaler Durchmesser ca. 7,5 cm.

Clypeus, Jura, unregelmäßiger Seeigel, abgeplattete Schale mit kreisförmigen Umriß oder fünfeckig, mit blumenblattförmigen Ambulacralfeldern. Der Mund liegt im Zentrum und ist mit kleinen Warzen bedeckt, erreicht einen Durchmesser von 10 cm.

Micraster, Kreide bis Miozän, hat eine dicke, harte Schale, die Ambulacralfelder sind versenkt und die Zwischenräume mit großen Platten ausgefüllt. Der Mund liegt nahe dem vorderen Rand. Oberfläche granuliert. Ca. 5 cm lang.

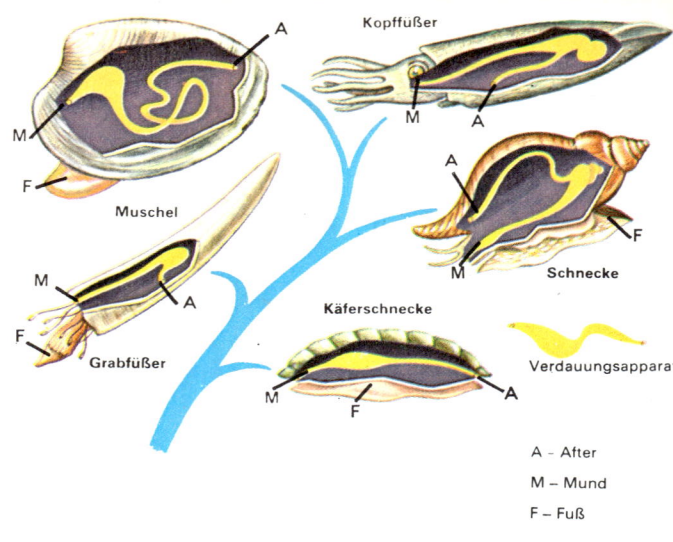

Kopffüßer

Muschel

Grabfüßer

Käferschnecke

Schnecke

Verdauungsappara

A – After
M – Mund
F – Fuß

Die Weichtiere umfassen 5 Klassen von ähnlicher Struktur, aber verschiedener äußerer Erscheinung. Sie bilden eine alte und reichentwickelte Gruppe. Die meisten leben im Meer, viele im Süßwasser, einige auf dem Land. Gewisse Wasserformen treiben oder schwimmen frei, aber die meisten leben im Schlamm oder Sand. Einige durchbohren Steine und Holz. Man hat ungefähr 150 000 lebende und Tausende von fossilen Arten beschrieben. Die Weichtiere haben unterschiedliche Dimensionen: von den Riesenkraken mit 20 m Länge und den Venusmuscheln, die über 250 kg erreichen, bis zu den fast mikroskopisch kleinen Arten. Die Form der Schale variiert von der Spirale der Schnecken bis zur zweischaligen Symmetrie der Muscheln und der achtplattigen Käferschnecke. Zwei lebende Klassen, die Schnecken (Wellhornschnecke, Napfschnecke u. a.) und die Muscheln (Kammuscheln, Austern, Miesmuscheln) sind häufig. Fossilien dieser Gruppen und der Kopffüßer sind häufig. Sie kommen bereits im Paläozoikum vor. Manche Weichtiere sind ausgezeichnete Leitfossilien.

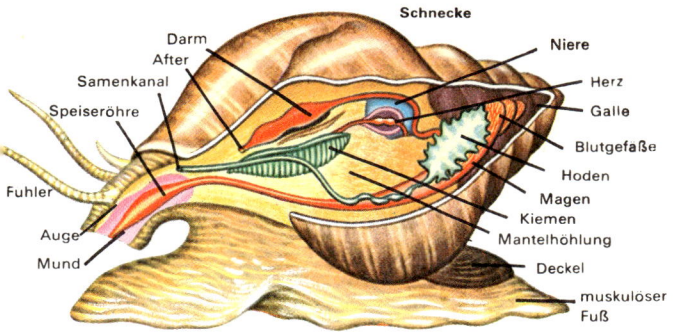

Schnecke

Darm
After
Samenkanal
Speiseröhre
Fühler
Auge
Mund

Niere
Herz
Galle
Blutgefäße
Hoden
Magen
Kiemen
Mantelhöhlung
Deckel
muskulöser Fuß

Die Schnecken besitzen einen breiten, muskulösen Fuß, einen gut entwickelten Kopf mit Augen, Mund und Fühlern. Einige haben eine raspelförmige Zunge (Radula), mit der sie die Schalen anderer Weichtiere durchbohren können. Die meisten Schnecken haben kalkige, spiralige Schalen. Die Schalenöffnung kann durch eine Deckelklappe verschlossen werden, wenn das Tier sich ins Gehäuse zurückzieht. Anfangs auf den Bereich des Meeres beschränkt, haben sich die Schnecken später an das Leben in Sümpfen, Flüssen und auf dem Lande angepaßt.

Unter-Paläozoische Schnecken

Hypseloconus, Oberkambrium bis Unterordovizium, ist eine primitive Schnecke mit einer hohen konischen, nicht spiraligen Schale, deren Schalenspitze oft exzentrisch ist. Form verschieden. Länge 1,7 cm.

Hormotoma, Ordovizium bis Silur, ist weit verbreitet und hat eine hochspiralige Schale mit runden Windungen und ist durch tiefe Einkerbungen geteilt. Windung vertieft, Oberfläche fast glatt. 5 – 7 cm Durchmesser.

Maclurites ist eine flache, ordovizische Schnecke mit niedrigen, aber stark gerundeten Windungen und einer breiten, zentralen Vertiefung auf der Oberseite. Oberfläche glatt. 5 – 7,5 cm.

Deckel

Schnecken des Paläozoikum

Bellerophon, Ordovizium bis Trias, eine flachgerundete Schnecke mit einer die älteren Windungen umschließenden Außenwindung. Breite Mündung mit Ausbuchtung, Verzierung einfach. Durchmesser maximal ca. 5 cm.

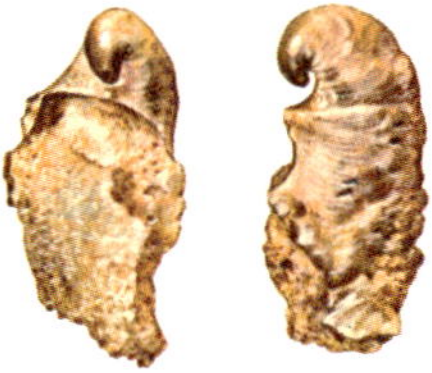

Platyceras, Silur bis Perm, locker eingerollte Form, oft mit Unregelmäßigkeiten in der Schale, um sich auf anderen Gegenständen zu befestigen. Verzierung spiralig oder querlaufend. Durchmesser maximal ◀ 3,75 cm.

Platyostoma, Silur bis Devon, ist eine Form von Platyceras mit einer kugelförmigen Schale und niedrigen Spiralen. Mehrere Windungen, ◀ die sich alle berühren. Ca. 3,75 cm.

▲

Worthenia, Unterkarbon bis Perm; hohe Schale, Sinus wenig tief, auf dem Außenrand des Mundes, verschiedene, aber gut entwickelte Verzierung. Höhe ca. 3 cm.

◀ **Straparollus oder Euomphalus,** Silur bis Perm, ist flach-konisch oder nahezu flach in einer zentralen Senkung. Durchmesser ca. 5 cm.

Seitenprofil

Aufsicht

und des Mesozoikums

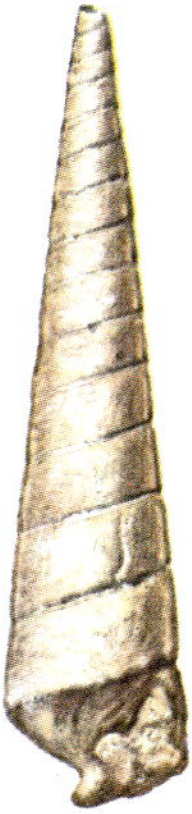

Nerinea, Jura bis Kreide, hat eine hochspiralige, schlanke Schale, Windungen oft konkav, Windung mit kurzem Sinus, wechselnde Verzierung. Höhe maximal ca. 12 cm.

Murchisonia, Silur bis Perm, eine andere, hochspiralige Schale, länger, mit runden bis eckigen Windungen, Wachstumslinien sichtbar, Außenlippe mit Sinus. Höhe 2,5 – 5 cm.

Pleurotomaria, Jura bis Kreide, hat eine spitz-konische Schale mit Schlitz an der Außenlippe und ein Schlitzband, das durch alle Windungen hindurchgeht. Beträchtliche Verzierung. Maximale Höhe ca. 6 cm.

▼

Cerithium ist eine Gruppenbezeichnung für Schnecken (von Jura bis heute) mit einer hochspiraligen, turmförmigen Schale mit vielen, beträchtlich verzierten Windungen. Maximale Höhe ca. 12 cm.

▼

Turritella (Turmschnecke), Kreide bis heute, ist eine Gruppe mit schlanken, hochspiraligen Schalen, mit eingeschnittenen Linien und querlaufender Verzierung, einfache Mündung. Maximale Höhe ca. 10 cm.

▶

Längsschnitt

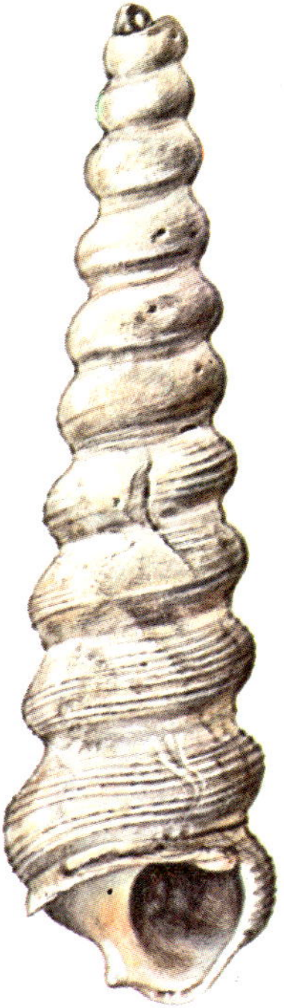

Conus, Kreide bis heute, eine Gruppe von spitz-konischen, kurz-spiraligen Schalen, Windungen mit geraden Seiten, lange, enge Mündung, maximale Höhe ca. 5 cm.

Dentalium, Ordovizium bis heute, ein Grabfüßer (S. 110), hat eine stoßzahnförmige Schale, gebogen, spitz zulaufend, an beiden Enden offen. Maximale Länge ca. 12 cm.

Polygyra, Paläozän bis heute, eine Landschnecke, knapp gewundene, flachspiralige Schale, unten abgeflacht, eingekerbte Mündung. Durchmesser maximal ca. 2,5 cm.

Aufsicht von oben

Seitenprofil

Voluta, Tertiär bis heute, Gruppe mit mäßig gewundenen Schalen, mit winklig gerippten Windungen und enger Mündung. Maximale
◀ Höhe ca. 10 cm.

Fusus, Kreide bis heute, Gruppe mit engen, langen Schalen, mit hoher Spirale und gerundeten Windungen, langer, enger Vorderkanal, Verzierung wechselnd, maximale Höhe ca. 6 cm.
▶

Viviparus, Jura bis heute, eine Süßwasserschnecke mit niedrig-spiraliger Schale, Windungen rund oder abgeflacht und die Lobenlinien gezackt. Höhe maximal ca. 3,75 cm.

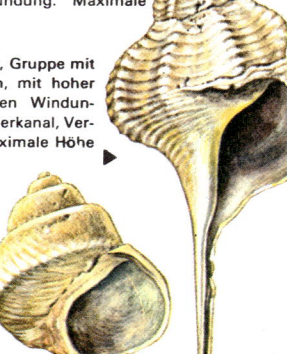

Planorbis, Jura bis heute, eine Gruppe von Süßwasserarten, flachgewunden, mit großer letzter Windung. Durchmesser maximal ca. 2,4 cm.

Vertigo, Eozän bis heute, mit ovalem Umriß, einige glatte Windungen und zusammengezogener Mündung. Höhe 0,12 cm.
▲

Natica, Trias bis heute, Gruppe mit niedrig-spiraligen Formen, mit großer, knolliger Endwindung, Oberfläche im allgemeinen glatt. Maximale Höhe ca. 5 cm.
▼

Aufsicht
von oben

Aufsicht
von unten

Aufsicht
von oben

Seitenprofil

Crepidula, Obere Kreide bis heute, pantoffelförmige Schalen mit gekrümmtem Schnabel, Windung breit, teilweise durch eine dünne Platte abgedeckt. Maximal ca. 5 cm.
▼

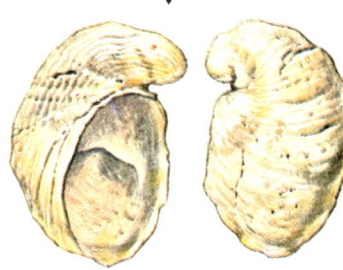

▲
Littorina, Paläozän bis heute, hat eine dicke, niedrig-spiralige, eiähnliche Schale, deren letzte Windung größer ist als die ganze übrige Schale. Verzierung schwach bis fehlend, maximale Höhe ca. 2,5 cm.

Die Muscheln, Weichtiere mit «Beilfuß» (Zweischaler), sind meist Meeresbewohner, einige leben aber auch in Süßwasser. Die Austern, Miesmuscheln und Kammuscheln sind lebende Arten. Die zwei meist ähnlichen Klappen einer Schale werden längs des Schloßrandes durch Zähne und außerdem durch Muskeln zusammengehalten, die auf der Innenseite der Schale Eindrücke hinterlassen. Der zurückgezogene Körper des Tieres wird von der Schale umschlossen. Diese kann sich öffnen, um den Fuß und die Körperöffnungen hervortreten zu lassen, durch die die Aufnahme von Sauerstoff und Nahrung sowie die Abgabe des verbrauchten Wassers und der Exkremente erfolgt.

Die meisten Muscheln leben auf dem Grund des Wassers, einige aber sind aktive Schwimmer. Andere graben sich in Schlamm und Sand ein, einige sind Bohrmuscheln und andere wachsen an ihrer Unterlage fest. Im allgemeinen nennt man sie Lamellibranchiaten, d. h. Weichtiere mit lamellenförmigen Kiemen.

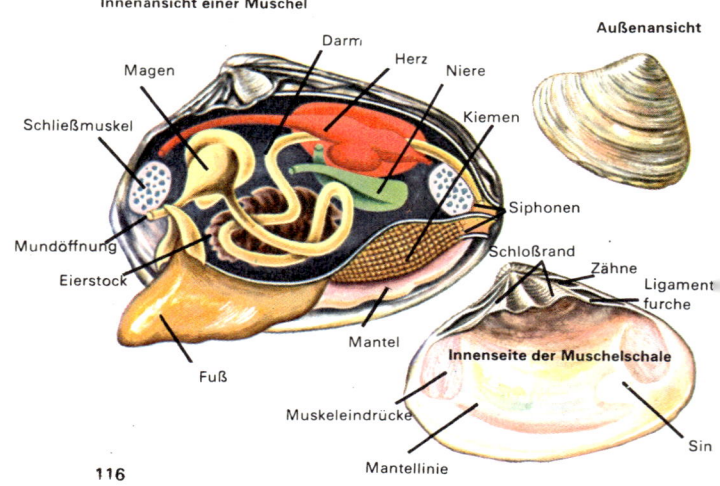

Innenansicht einer Muschel

Darm
Herz
Magen
Niere
Schließmuskel
Kiemen
Außenansicht
Mundöffnung
Siphonen
Eierstock
Schloßrand
Zähne
Ligamentfurche
Mantel
Innenseite der Muschelschale
Fuß
Sin
Muskeleindrücke
Mantellinie

Paläozoische Muscheln

Ctenodonta, hat gleichklappige, ovale Schalen
mit glatter Oberfläche, bisweilen mit feinen, konzentrischen Wachstumslinien, mit zahlreichen,
gleichartigen Zähnen des Schloßrandes. Ordovizium bis Silur, maximale Länge der Schale ca.
2,5 cm.

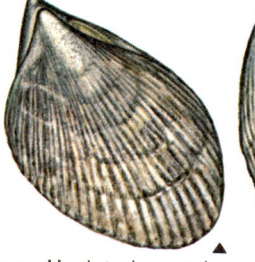

Byssonychia, hat einen stark geneigten Schnabel nahe am Ende
des Schloßrandes, gewöhnlich
starke, radiale Rippen. Diese gleich-
klappigen Schalen waren im oberen
Ordovizium weit verbreitet. Länge
ca. 2,5 cm.

Goniophora, Silur bis Devon, hat
eine schiefe Schale mit vorspringendem Schnabel, von dem eine
Rippe sich bis auf den rückseitigen
Rand erstreckt. Maximale Länge ca.
5 cm.

Grammysia hat einen vorstehen-
den, stumpfen, zurückgebogenen
Schnabel, einen fast ovalen Umriß
und große, schräge Falten quer
über den Klappen. Silur bis Unterkarbon, maximale Länge ca. 5 cm.

Modiolopsis, hat eine dünne ovale
Schale. Asymmetrische Klappen
werden von einer schief verlaufen-
den Senkung gekreuzt. Maximale
Größe 3,75 cm.

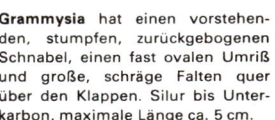

Pterinea hat einen langen Schloßrand mit hinten weit ausgezogenem
«Ohr» (kleine, leistenartige, ausein-
andergezogene Zähnchen). Verzierung: feine konzentrische Linien.
Sie hat zwei ungleiche Muskeleindrücke. Länge maximal 3,75 cm. ▶

Conocardium, ein bemerkenswertes Fossil von zweifelhafter Abstammung. Schnabel vorspringend, Schloßrand lang und gerade, Klappen dreieckig mit starken Radialrippen und oft konzentrischen Wachstumszonen. Vorderseite abgekürzt, Hinterseite schief. Länge 2,5 – 5 cm.

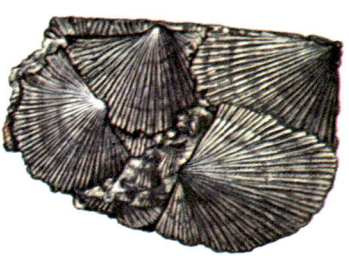

Myalina, Devon bis Perm, hat einen stark geneigten Schnabel und schwache, konzentrische Verzierungen, Schloßrand vorspringend. Länge bis 10 cm.

Dunbarella sind flache, kammuschel-ähnliche Schalen mit leicht hervortretenden Flügeln und verzweigten Rippen, schwachkonzentrische Verzierung, Oberkarbon. Länge 2,5 – 5 cm.

Allorisma, Unter- bis Oberkarbon, hat einen länglich-ovalen Umriß. Der Rand ist hinter dem stumpfen vorderen Schnabel flach. Länge 6,2 cm.

Carbonicula, hat ungleich geformte, verlängerte Schalen, Umriß oval, Süßwasserart mit hohem, dickem Vorderteil. Länge 2,5 – 3,75 cm.

Muscheln des Paläozoikums und Mesozoikums

Nucula ist ein «lebendes» Fossil, seit der Silurzeit fast kaum verändert, Oberfläche mit konzentrischen Wachstumslinien, am Schloßrand zahlreiche Zähne und Zahngruben. Maximale Länge ca. 3,75 cm.

Aviculopecten, Silur bis Perm, hat starken Schloßrand, vorspringende Flügel und keine Zähne, ungleiche Klappen mit starken Rippen und bisweilen Wachstumslinien. Länge ca. 2,5 cm.

Lima ist schiefoval im Umriß, gleichklappig und wülstig mit radialen Rippen. Die vorspringenden Schnäbel sind spitz, die Klappen oft klaffend, Unterkarbon bis heute, Länge ca. 9 cm.

Parallelodon, Devon bis Tertiär, Umriß rechteckig, Schale verlängert, mit langem, schmalem Schloßrand. Wachstumslinien konzentrisch. Länge ca. 3 cm.

Trigonia, Jura bis heute, hat einen dreieckigen oder halbmondförmigen Umriß, dicke Schalen mit einem sich abhebenden, vom Schnabel bis zum parallelen Rand reichenden Grat und wechselnder Verzierung. Länge maximal 9 cm.

Pteria, Jura bis heute, hat ungleichseitige Klappen mit langem, starkem Schloßrand, in große, ungleiche Flügel übergehend. Verzierung konzentrisch oder radial. Länge maximal 7,5 cm.

Mesozoische und neuzeitliche Muscheln

Exogyra, Jura bis Kreide, ähnlich Gryphaea (s. unten) aber mit einer großen linken, massiven, spiraligen Klappe. Die eine Klappe war fest und die andere diente als Deckel. Verzierung wechselnd, aber sehr gut entwickelt, sei es als Wachstumslinie, wie im Bilde links, oder als Rippe, wie im Bild rechts. Länge maximal ca. 12,5 cm.

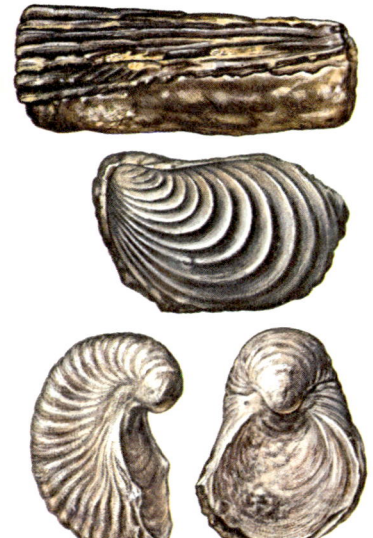

Pinna, Jura bis heute, Schale dreieckig, breit, dünn, gleichklappig, die Klappen klaffend, Zähne fehlen, Anheftung am Boden durch hornige Fäden. (Byssus). Fossil oft nur in Bruchstücken, Länge maximal 22 cm.

Inoceramus, Jura bis Kreide, mit ovalem Umriß, mit einem vorspringenden Schnabel, einem starken Schloßrand ohne Zähne. Wachstumslinien konzentrisch und gefaltet. Verschiedene Arten haben fossile Perlen erzeugt. Länge bis zu 1,2 m.

Gryphaea, Jura bis Eozän, wird «Teufelskralle» genannt. Die Klappen sind sehr ungleich, die linke locker eingerollt, die rechte abgeplattet zu einem Deckel. Starke Wachstumslinien. Maximale Größe ca. 8,5 cm.

Arca, Jura bis heute, hat einen eckigen Umriß, Schnabel stumpf, aber
gut abgezeichnet, Zähne und Zahngruben klein, vorspringende, radiale
Rippen. Länge 5 – 7,5 cm.

Glycimeris, Kreide bis heute, Klappen symmetrisch, fast kreisrunder
Umriß, Schnabel zugespitzt, Liga-
mentzone mit sparrenförmigen
Streifen. Länge 2,5 – 5 cm.

Hippurites, Kreide, hat eine weitverbreitete, konische, korallenähnliche
Schale, die rechte Klappe ist sehr
dick, tief, konisch, an Felsen ange-
wachsen. Die linke Klappe ist in
Form eines Deckels durch große
Zähne mit der unteren Klappe ver-
zapft. Höhe ca. 12,5 cm.

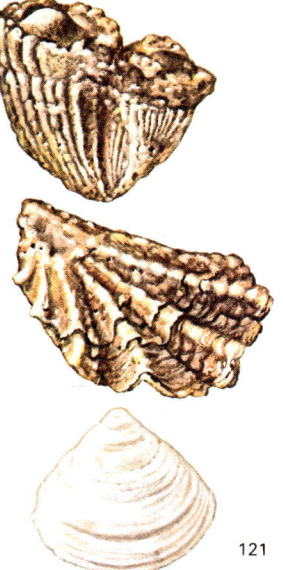

Ostrea, Tertiär bis heute, Austern
wachsen an ihrer Unterlage mit
ihrer linken, konkaven Klappe fest.
Diese ist gerippt und größer als die
rechte Klappe, die oft flach und glatt
ist. Verzierung wird von Falten und
Wachstumslinien gebildet. Form
sehr verschieden. Länge 5 – 15 cm.

Astarte, Trias bis heute, hat meist
gleiche Klappen, Umriß oval bis
dreieckig und hat einen vorspringenden Schnabel, sie ist glatt oder
hat konzentrische Wachstumslinien.
Länge ca. 2 cm.

Neuzeitliche Muscheln

Cardium, Trias bis heute, ist ein allgemein verbreiteter Zweischaler mit fast kreisförmigem Umriß. Sie ist gleichklappig, mit einem konvexen Profil, vorspringendem, eingebogenem Schnabel und eingebogenem Schloßrand. Klappenrand gewellt, starke radiale Rippen, bisweilen wie überhängende Ziegel geformt. Länge 2,5 – 5 cm.

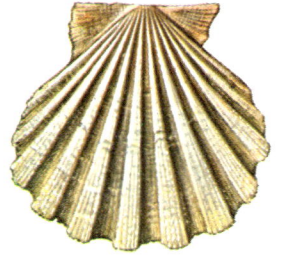

Unio, Trias bis heute, ist eine Süßwasser-Miesmuschel, Umriß oval mit gleichen Klappen, mit einem stumpfen oder vorspringenden Schnabel. Oberfläche ist glatt oder hat konzentrische Wachstumslinien, Schloßrand mit einigen dicken, unregelmäßigen Zähnen. Länge 5 – 7 cm.

Pecten, Unterkarbon bis heute, ist der Gruppenname für viele bekannte Zweischaler. Klappen individuell symmetrisch mit Ausnahme der ungleichen Flügel am Ende des langen Schloßrandes, der auf seiner Innenseite eine dreieckige Ligamentgrube besitzt. Starke radiale Rippen, einfache Muskeleindrücke, Länge 2,5 – 20 cm.

Ensis, Tertiär bis heute, Schale von der Form eines Rasiermessers, sehr verbreitet, die Ränder fast geradlinig, der Schnabel endständig. Die einfache Verzierung besteht aus feinen konzentrischen Linien. Länge 2,5 bis 25 cm.

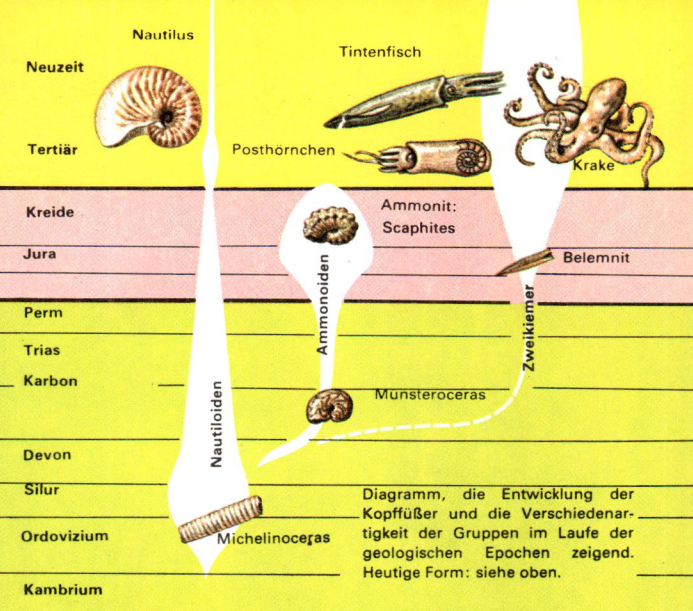

Nautilus

Neuzeit

Tintenfisch

Tertiär   Posthörnchen

Krake

Kreide   Ammonit:
             Scaphites

Jura   Belemnit

Ammonoiden

Perm

Trias

Karbon   Münsteroceras

Nautiloiden   Zweikiemer

Devon

Silur   Diagramm, die Entwicklung der
              Kopffüßer und die Verschiedenar-
Ordovizium   tigkeit der Gruppen im Laufe der
    Michelinoceras geologischen Epochen zeigend.
              Heutige Form: siehe oben.

Kambrium

Die Kopffüßer sind hochentwickelte Meerestiere. Zu ihnen
gehören z. B. das Schiffsboot, die Krake und der Tintenfisch.
Ihre Schale kann außen, innen oder überhaupt nicht vorhanden sein. In der Regel ist sie verschiedenartig gewunden.
Lebende Formen haben einen gut entwickelten Kopf, Augen
und Fangarme. Die meisten fossilen Formen hatten gut entwickelte Schalen. Es existieren drei Gruppen: die Ammoniten und Nautiliden sind vierkiemige Kopffüßer mit einer
Außenschale, die durch Querwände oder Septen in Kammern unterteilt ist. Die Tiere leben in der äußersten Kammer.
Ein fleischiger Sipho durchläuft die Septen. Die Verbindung
der Scheidewände mit der Außenwand bildet die Naht- oder
Lobenlinie.
Die zweikiemigen Kopffüßer (Krake und Tintenfisch) haben
entweder eine innere oder gar keine Schale. Die am weitest
verbreiteten Fossilien dieser Tiere aus dem Mesozoikum
sind die Belemniten, jene zigarrenförmigen, inneren Hartteile, die als Donnerkeile bezeichnet werden.

Frühe paläozoische Kopffüßer. Kopffüßer können bis zum Mittleren Kambrium zurückverfolgt werden. Im Frühen Paläozoikum waren sie bereits weit verbreitet. Die größten der frühen Formen erreichten mit einer geraden oder leicht gebogenen Schale eine Länge von 5 m und hatten einfache Lobenlinien wie beim Nautilus (Seite 36). Die stärker einge-

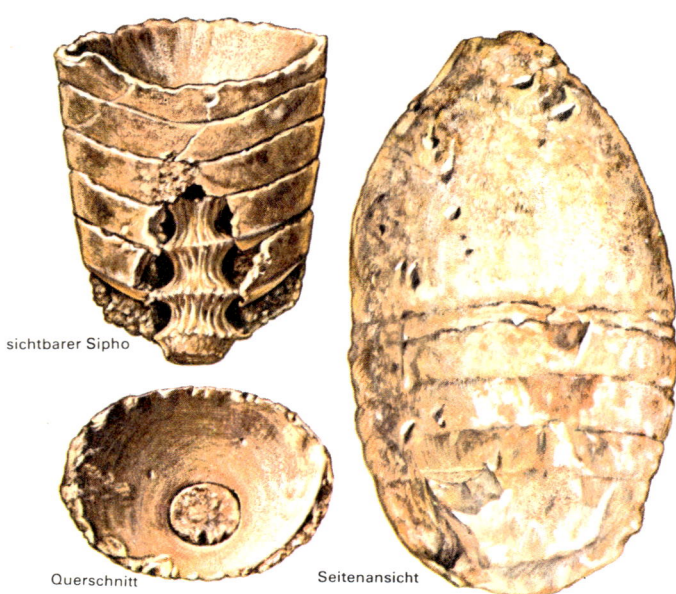

sichtbarer Sipho

Querschnitt

Seitenansicht

Endoceras (Actinoceras), Ordovizium, eine Gruppe mit langen, mehr oder weniger starken konischen Schalen mit einem breiten verkalkten Sipho (s. oben), innen von trichterähnlicher Struktur, nautilusähnlichen Lobenlinien und vorspringenden, umgebogenen Halssepten. Maximale Länge 3 m.

Gomphoceras, Ordovizium bis Devon, gehört zu einer Gruppe von kräftigen, knollenförmigen Nautiloiden mit geraden oder leicht gebogenen Schalen und einer großen Wohnkammer. Er hat einfache Scheidewände, T-förmige Mündung und glatte oder gestreifte Oberfläche. Länge ca. 5 cm.

rollten Formen mit den gefalteten Lobenlinien (Ammoniten) begannen im Silur zu erscheinen. Die Nautiliden haben das Devon überdauert, aber ihre Zahl verringerte sich, während sich die Ammoniten weiterentwickelten, wobei die Lobenlinien immer komplizierter wurden.

Dawsonoceras, Mittleres Silur bis Unterdevon, hat eine starke konische Schale, mit einer mit Ringen versehenen Oberfläche und gefaltete Wachstumszonen. Klarer, zentraler Sipho. Länge ca. 12,5 cm.

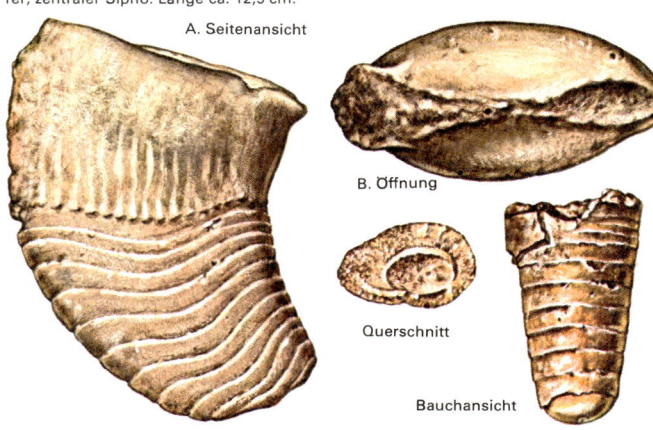

A. Seitenansicht

B. Öffnung

Querschnitt

Bauchansicht

Phragmoceras, Silur, hat eine stark gekrümmte, seitlich zusammengepreßte Schale, Mündung lang aber mit eingeschlagenem Rand, dessen Lippen einen achtförmigen Umriß zeigen. Sipho liegt an der Konkavseite. Rillen quer. Allgemein zwischen 11 und 12 cm Länge.

Dolorthoceras, Devon bis Unterkarbon, hat eine starke, konische, glatte Schale mit kreisförmigem Querschnitt. Die Loben sind querverlaufend und leicht sinusähnlich gebogen. Hat einen zentralen Sipho, die schwache Verzierung ist konzentrisch oder querverlaufend. Länge ca. 10 cm.

Kopffüßer des oberen Paläozoikums und des unteren Mesozoikums

Seitenansicht   Bauchansicht   Bauchansicht

Agoniatites hat eine abgeflachte, eng zusammengerollte Schale mit wenig sichtbaren Wachstumslinien. Der ventrale Sipho verläuft gerade quer durch die glatten Scheidewände. Hat nur einen ventralen Lobus. Mittleres Devon, Durchmesser ca. 15 cm.

Cyrtoceras, ist ein kurz gebogener, konischer Nautiloid. Die Schale ist rund im Querschnitt und hat einen vorspringenden ventralen Sipho. Ordovizium bis Devon. Länge 5 – 7,5 cm.

Bactrites, hat eine gerade, schlanke Schale mit rundem Querschnitt, Lobenlinien sehr einfach, mit kleiner ventraler Lobe. Vorfahre der Ammoniten. Ordovizium bis Perm. Länge etwa 3,5 cm.

Gastrioceras hat eine Schale, die von kugelig bis flach variiert. Mit einer starken Senkung in der Mitte der Windung, deren Innenwand gerippt ist. Die Lobenlinien haben einfache, primäre Faltungen. Oberkarbon. Durchmesser 3,75 cm.

Bauchansicht

Seitenansicht

Seitenansicht Seitenansicht Bauchansicht

Lobenlinienmodell, angefertigt von Moore, Lalicker und Fischer. Genaue Diagramme zeigen wellige Lobenlinien, wichtig für die Bestimmung von Ammoniten. Rote Pfeile zeigen zur Mündung (S. 73).

Meekoceras, ein flacher Kopffüßer, im allgemeinen glatt, mit flacher Außenkante. Die Loben der Lobenlinie haben sekundäre Falten. Untere Trias von Idaho, Californien und Asien. Durchmesser ca. 5 cm.

Columbites hat eine flache, enggewundene Schale mit einem gebogenen Außenrand. Verzierung ist schwach. Hat eine Lobenlinie mit wenig sekundären Falten. Untere Trias. Durchmesser ca. 3,75 cm.

Muensteroceras, hat eine kugelförmige bis flache Schale mit einer starken Senkung im Mittelpunkt der Windungen. Die Lobenlinie hat eine tiefe, ventrale Lobe mit geradem Rand. Unterkarbon. Durchmesser etwa 2,5 cm.

Goniatites ist ein Kopffüßer mit einer kugeligen, glatten Schale, die eine kleine, starke Senkung im Mittelpunkt der Windungen umgibt. Lobenlinien sehr charakteristisch. Unterkarbon. Durchmesser ca. 2,5 cm.

eitenansicht Bauchansicht Seitenansicht

Mesozoische

Ceratites, Mittlere Trias, hat eine enggewundene kräftige Schale, die mit der letzten Windung die übrigen fast umgibt. Die starken Rippen erreichen nicht den abgeplatteten oder breiten Bogenrand der Schale. Lobenlinien sind charakteristisch. Durchmesser ca. 5 cm.

Sagenites, Obere Trias, hat eine kugelförmige, aber zusammengepreßte, enggewundene Schale. Sie hat spiralige oder radiale Verzierungen, die sich auch über den Schalenrand ausdehnen. Zusammengesetzte Lobenlinien. Sie hat kurze Stacheln. Durchmesser ca. 5 – 7,5 cm.

Hildoceras, Unterer Jura, hat eine flache Schale, deren Querschnitt etwa viereckig ist. Er hat an den Außenrändern der Windungen drei vorspringende Kämme, eine weite Senkung im Mittelpunkt, starke, sichelförmige Rippen an den Seiten und zusammengesetzte Lobenlinien. Durchmesser 5 – 7,5 cm.

Hamites, Untere Kreide, ist locker gewunden, in einer Ebene mit hakenförmig gekrümmter Schale mit zwei parallelen Schenkeln. Die vorspringenden Rippen dehnen sich über den Außenrand der Windungen aus. Zusammengesetzte Lobenlinien. Länge 5 – 7,5 cm.

Kopffüßer

Dactyloceras, Unterer Jura, ein eng gewundener, flacher Ammonit mit zahlreichen Windungen, viele Rippen, die außen verzweigt sind. Die Rippen dehnen sich über den runden Außenrand der Windungen aus. Lange Wohnkammer und zusammengesetzte Lobenlinien. Länge 5 – 7,5 cm.

Pachyteuthis, Jura bis Untere Kreide, ist ein Belemnit mit kurzer, starker, stumpfer Hülle (schlanker bei jungen Formen). Das Fossil ist im Querschnitt fast oval, exzentrisch und oft mit einer tiefen Furche an der Seite versehen. Länge 7,5 – 10 cm.

Stephanoceras, Mittlerer Jura, dick und enggewunden, mit der letzten Windung die anderen umschließend. Rippen vorspringend, über den äußersten Rand hinausgehend und sich in der Mitte gabelnd. Lange Wohnkammer. Mündung kann kappenförmige Lippen haben. Maximaler Durchmesser 12 cm, aber gewöhnlich kleiner.

Turrilites, Kreide hat eine hochspiralige Schale mit sich kaum berührenden Windungen, sieht einer Schnecke ähnlich, aber durch die Anwesenheit von Scheidewänden und ein zusammengesetztes Muster von Lobenlinien gekennzeichnet, hat auffallende Querrippen oder Knötchen. Länge ca, 12,5 cm.

Mesozoische Kopffüßer

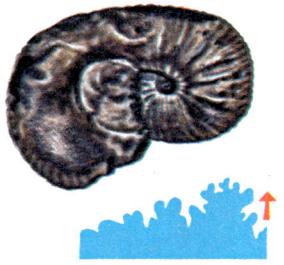

Scaphites, Kreide, flache Spirale in einer Ebene mit den früheren Windungen in Berührung, letzte Windung frei, mit einem kurzen, geraden Teil und einem hakenförmigen Ende. Verzierung mit Rippen, die sich oft verzweigen, einige führen Knötchen. Länge 3,75 – 5 cm.

Baculites, Obere Kreide, Schale, abgesehen von einer kleinen Anfangsspirale, gerade, Oberfläche glatt oder sinusförmig gerillt, oder mit flachen, abgerundeten Rippen. Loben symmetrisch mit komplizierter Faltung. Länge maximal ca. 20 cm, aber gewöhnlich 7,5 – 15 cm.

Acanthoscaphites, Obere Kreide, hat eine enggewundene Schale, die letzte Windung stark erweitert und ausgedehnt, sodaß die Schale eine ovale Form annimmt. Vorspringende Rippe mit Knoten, sehr charakteristisch zusammengesetzte Loben. Durchmesser allgemein 5 – 10 cm.

Belemnites, Unterkarbon bis Kreide, im Mesozoikum verbreiteter Kopffüßer, interner Hartteil verlängert (Rostrum), zigarrenförmig, mit konischer Struktur oder an einem Ende zusammengedrückt. Auf der einen Seite kann eine Furche oder verzweigte Zeichnung vorhanden sein. Länge 5 – 12 cm.

Die Graptolithen sind ausgestorbene, im Meer lebende Kolonie-Tiere, zu den Urchordatieren gehörend und eng mit den Wirbeltieren verbunden. Der typische Graptolith bestand aus einem oder mehreren chitinösen Zweigen (Rhabdosomen), die becherförmige Gebilde (Theken) trugen (s. Seite 74). Es sind wichtige frühpaläozoische Leitfossilien.

Dendroidea, Oberkambrium bis Unterkarbon, verzweigte, farnähnliche Graptolithen. Viele haben am Grunde ein wurzelähnliches Aussehen. Maximale Länge ca. 10 cm.

Didymograptus, Unteres bis Mittleres Ordovizium, mit zwei divergierenden Rhabdosomen (2,5 – 6 cm), mit einer Reihe zylindrischer Hydrotheken.

Diplograptus, Mittel-Ordovizium bis Untersilur, Rhabdosomen (Stäbchen) mit zwei Reihen schräger, eng aneinanderstehender Hydrotheken. Länge ca. 5 cm.

Climacograptus, Unter-Ordovizium bis Untersilur, ein Rhabdosom mit zwei Reihen stark zurückgebogener Hydrotheken.

Monograptus, Silur einzelnes Rhabdosom, gerade oder gekrümmt mit einer Reihe von verschieden geformten Hydrotheken. Länge allgemein 2,5 – 5 cm.

Nemagraptus, Mittleres Ordovizium, charakteristisches, wichtiges, sehr verbreitetes Fossil mit zwei Rhabdosomen in S-Form, zahlreiche Verzweigungen. Länge 3,75 cm.

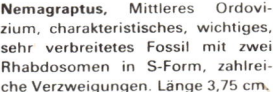

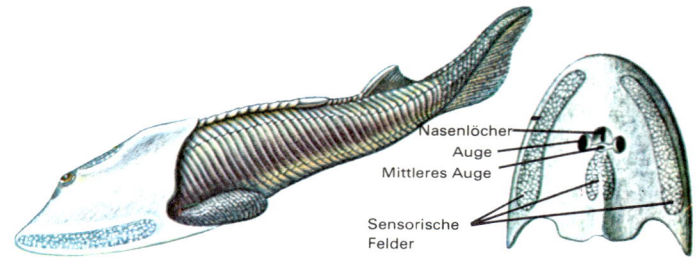

Cephalaspis ist ein typischer Vertreter einer den Ostracodermen oder Ur-Panzer-
fischen sehr verwandten Gruppe. Primitive Fische ohne Kiefer, die vom Ober-
Silur bis Ober-Devon lebten. Die meisten Cephalaspiden hatten ein flaches, kno-
chiges Kopfschild und einen mit Schuppen bedeckten Körper.

Die fossilen Wirbeltiere (Fische, Amphibien, Reptilien, Vögel
und Säugetiere) und einige primitive, ausgestorbene Gruppen gehören zum Stamm der Chordatiere. Alle besaßen im
Rücken einen Nervenstrang, der von Knorpeln geschützt war
und später bei den Wirbeltieren durch die Wirbelsäule ersetzt wurde. Alle hatten Kiemenschlitze, mindestens während ihres Entwicklungsstadiums.
Die Fische, die ältesten Wirbeltiere, werden in 4 Klassen geteilt: die kieferlosen Fische (Agnaten), die Placodermen oder
Panzerfische, die Knorpelfische (Haie und Rochen) und die
Knochenfische.
Die Agnaten, die primitivsten Wirbeltiere, besaßen weder
paarige Flossen noch echte Kiefer. Von den ältesten fossilen
Wirbeltieren sind nur Knochenreste aus dem Ordovizium
von Wyoming und Colorado bekannt. Die meisten Agnatenfische waren Ostracodermen (Urpanzerfische), die mit einem
aus knochigen Platten oder aus Schuppen gebildeten Panzer
versehen waren. Sie umfaßten Meeres- und Süßwasserarten. Alle waren im Devon sehr verbreitet. Man kennt keine
Agnatenfische aus jüngeren Schichten als dem Devon. Ihre
heutigen Vertreter (die Neunaugen und Schleimfische) lassen vermuten, daß die ersten Formen weiche Körper hatten.

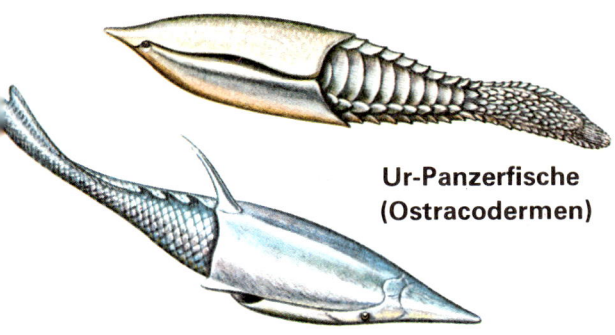

Ur-Panzerfische
(Ostracodermen)

Pterasips, Silur bis Oberdevon, ein Ur-Panzerfisch mit stromlinienförmigem Körper. Kopf in zwei große, ovale Klappen eingeschlossen, mit einem Rückenstachel und Kiemenöffnungen. Länge ca. 15 cm.

Thelodus, Mittelsilur bis Unterdevon, der ganze Körper dieses Panzerfisches ist mit schuhnagelähnlichen, untereinander verbundenen Zähnchen bedeckt, kleine breite Augen, Maul auf der Unterseite, flacher Körper, Länge 7,5 – 20 cm.

Anglaspis, Devon, Ur-Panzerfisch mit großem, ovalen Kopfschild und Augen mit weitem Zwischenraum. Rumpf und Schwanz sind von charakteristischen Stacheln bedeckt. Länge ca. 15 cm.

Drepanaspis, Unterdevon, Fische mit drei großen, flachen Kopfplatten und kleinen festverbundenen Platten. Länge 30 cm.
Die Wirbeltierfossilien sind gewöhnlich im Gegensatz zu den hier abgebildeten Arten unvollständig erhalten.

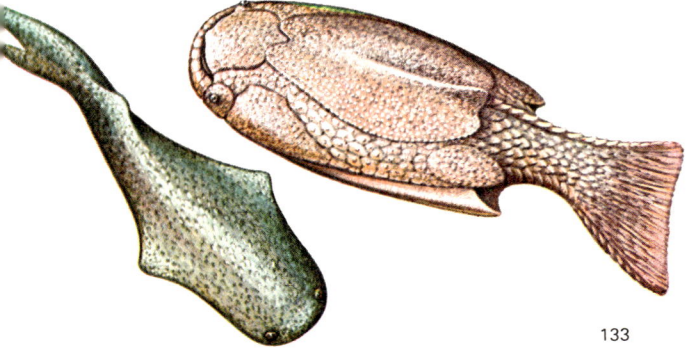

Panzerfische, Placodermen, sind eine ausgestorbene Fischklasse (Untersilur bis Perm) mit primitiven Kiefern und paarigen Flossen. Eine sehr veränderliche Form umfaßt die Acanthoden (Stachelhaie), kleine Süßwasserfische mit stacheligen Flossen, spindelförmigem Körper und dicken Schuppen. Die Arthrodiren (mit gegliedertem Hals) hatten einen schwerbewaffneten Kopf und Schultern und ein klaffendes Maul. Die Antiarchen, kleine, auf dem Grunde lebende Panzerfische mit mächtigen Flossen in Form von Armen, waren im Mittleren Devon häufig.

Die Panzerfische (Placodermen)

Pterichthys, Devon, Korper am Stirnteil mit hochbogigen, festverbundenen Platten, hinten mit Schuppen bedeckt, Augen sehr nahe zusammenstehend. Starke «Arme», Länge 15 cm.

Coccosteus, Devon, ein Arthrodire mit gegliedertem Hals, Kopf und Brust gepanzert, der übrige Körper nackt, herausstehende Kieferknochen dienen als Zähne. Länge ca. 55 cm.

Bothriolepis, Devon, ein Antiarche, auf der Vorderseite ein kurzer Kopfschild und ein langer, schnabelförmiger Brustschild. Lange, gegliederte «Arme». Länge ca. 22 cm

Climatius, Silur bis Devon, ein stacheliger Hai (Acanthode), mit rhombischen Schuppen, 2 Rückenstacheln und 5 Paar Bauchflossen, Länge 7,5 cm.

Die Haie und Rochen (Chondropterygier) besitzen ein Knorpelskelett und offene Kiemenspalten. Die meisten sind marine Räuber mit gut entwickelten Zähnen und durch knochige Schuppen geschützt. Zähne, Schuppen und gelegentlich ein Stachel sind meist die einzigen fossilen Reste. Die Haifische haben 2 Flossenpaare und sehr gut spezialisierte Kiefer und Zähne. Die Haie erlebten eine große Verbreitung im Oberen Paläozoikum, während die mesozoischen und neuzeitlichen Formen überall weitverbreitet waren.

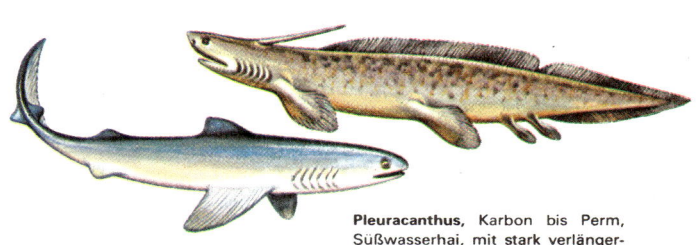

Cladoselache, Haifisch, Oberdevon, gut entwickelte, breite Flossen, Körper nackt und schlank, zahlreiche spitze Zähne. Länge maximal 1,2 m.

Pleuracanthus, Karbon bis Perm, Süßwasserhai, mit stark verlängerter Rückenflosse und spitzem Schwanz, die Bauchflossenpaare blattförmig, und einem Stachel hinter dem Kopf. Ungefähr 75 cm lang.

Haifischzähne, in den Schichten des Miozän allgemein verbreitete, oft gut erhaltene Fossilien. Die größten sind die des Carcharodon, eines Haies von 12 – 15 m Länge.

Rochen, Jura bis heute, auf dem Grunde lebende Fische mit flachem Körper und ungeheuer großer Brustflosse und großen, kräftigen Zähnen. Fossilien selten.

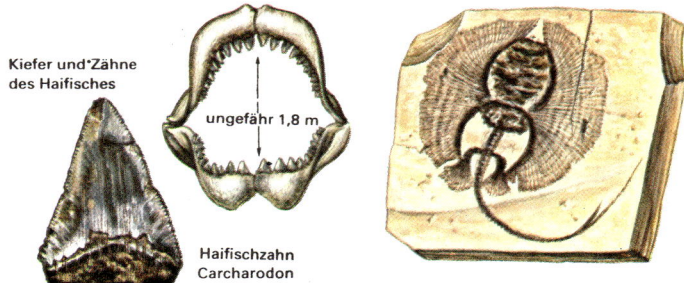

Kiefer und Zähne des Haifisches

ungefähr 1,8 m

Haifischzahn Carcharodon

Die Knochenfische (Osteichthyes) sind die häufigste und verschiedenartigste Gruppe von Fischen. Sie sind zwanzigmal zahlreicher als alle anderen Fische und umfassen mehr Arten als alle anderen Wirbeltiere zusammen. Sie haben ein Knochenskelett, und ihr Körper ist schleimig und mit Schuppen bedeckt. Einige fossile und einige lebende Fische haben Lungen, eine Schwimmblase regelt die Schwimmfähigkeit der anderen.

Die meisten Knochenfische besitzen einen stromlinienförmigen Körper und gut entwickelte Flossen. Diese Eigenschaften erlauben ein aktives Schwimmen, ohne die geringste Unruhe im Wasser zu erzeugen, und haben zur raschen Verbreitung der Fische beigetragen. Ein großes Maul und große Augen erleichtern die Flucht und die Nahrungssuche und erlauben eine reichliche Vermehrung in Seen, Flüssen und im Meer. Eine spezifische Anpassung an besondere Umweltbedingungen ist entwickelt. Die ältesten mitteldevonischen Knochenfische besaßen dicke Schmelzschuppen, die bei jüngeren Formen dünner wurden. Bei den strahlenförmigen Arten (Actinopterygier) waren die Flossen durch viele schmale, strahlenförmige «Knochen» gestützt. Die paläozoischen Strahlenflosser bildeten eine kleine Süßwassergruppe, die später im Meer häufig wurde. Nur einige Formen (Stör) haben bis heute überlebt, die anderen wurden im Mesozoikum durch die mit Strahlenflossen versehenen Schmelzschupper, die besser entwickelte Skelette, Kiefer und Schuppen besaßen, ersetzt. Die Überlebenden dieser Gruppe wiederum sind die Nadelfische und die Kofferfische. In der Kreidezeit wurden die meisten der Schmelzschupper durch die weiterentwickelten Knochenfische mit Strahlenflossen ersetzt, die fast alle heutigen Fische umfassen.

Die andere Hauptgruppe sind die Lappenflosser (Lungenfische und Quastenflosser). Die Flossen sind von einer starken Knochenachse gestützt, und die Nasenlöcher öffnen sich zum Maul. Fische mit lappigen Flossen sind die Lungenfische (Dipnoisten, Devon bis heute) und die Quastenfische (Crossopterygier). Zu den Quastenfischen wiederum gehören die Coelacanthen und kleine fleischfressende Fische des Devon, die Ahnen der Amphibien.

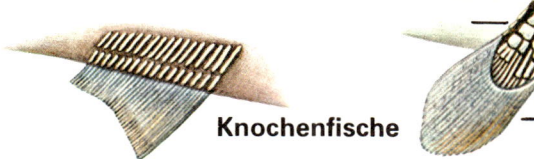

Knochenfische

Strahlenflosse, typische Struktur der Stützknochen zeigend, wie bei allen heutigen Fischen.

Quastenflosse mit charakteristischer Struktur der kräftigen Stützknochen, aus der sich die Gliedmaßen der Tetrapoden entwickelten.

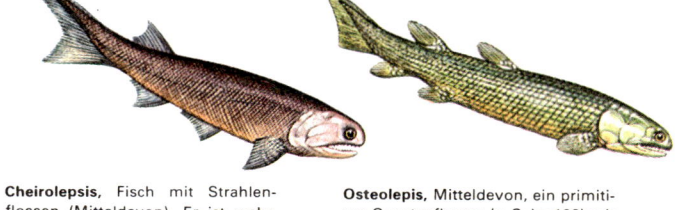

Cheirolepis, Fisch mit Strahlenflossen (Mitteldevon). Er ist wahrscheinlich allen den Formen, die die Vorfahren aller späteren Knochenfische waren, ähnlich. Länge ca. 27 cm.

Osteolepis, Mitteldevon, ein primitiver Quastenflosser (s. Seite 138) mit starken rhombischen Schuppen, Mittelflosse ziemlich weit zurückgesetzt, und paarige, kurze Quastenflossen. Zähne einfach. Länge 22 cm.

Lepidotus, Jura, ein Knochen-Schmelzschupper mit dickem Körper, weit nach hinten gestellter Rückenflosse und 3 Paar Bauchflossen. Große, kräftige Zähne, und Schmelzschuppen. Länge 30 cm.

Holoptychius, Oberdevon, spezialisierter Quastenflosser, Mittelflossen mit Quaste, sehr weit zurückgesetzt, mit langen, paarigen Bauchflossen, Schuppen rund. Länge ca. 75 cm.

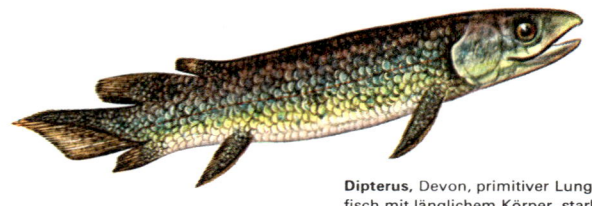

Dipterus, Devon, primitiver Lungenfisch mit länglichem Körper, starken Flossenpaaren, kräftigen großen Zähnen, Schuppen und Knochenskelett ziemlich reduziert. Länge 37 cm.

Die Fische mit gelappten Flossen (Lungenfische und Quastenflosser) sind luftatmende Knochenfische (Devon bis heute) mit internen Nasenlöchern und verstärkten Flossen. Drei Arten von Lungenfischen haben überlebt. Die Quastenflosser (Crossopterygier), Vorfahren der Amphibien, umfassen die heutigen Coelacantheren und zahlreiche Formen des Devon.

Eusthenopteron, Devon, ist ein mächtiger, großflossiger Quastenflosser oder Crossopterygier. Er besitzt eine fortgeschrittene Struktur und steht in enger Beziehung zu den Vorfahren der Amphibien. Länge 60 cm.

Coelacanthus, Unterkarbon bis Perm, Körper dick, symmetrische Form wie im Mesozoikum. Man hielt diese Gruppe für ausgestorben, bis 1938 vor Madagaskar ein lebender Vertreter – die Latimeria – gefangen wurde. Länge gewöhnlich weniger als 45 cm.

Ichthyostega, Oberdevon, ein primitives Amphibium mit vielen fischähnlichen Merkmalen (Schädelknochen, Gliedmaßen und Schwanz) während andere die Amphibien anzeigen (Schultergürtel, mächtiger Beckengürtel, Gliedmaßen, Rippen). Länge 90 cm.

Die Amphibien sind die einfachsten Tetrapoden, die erste Klasse der Wirbeltiere, die auf das Festland gegangen ist. Sie sind nur teilweise an das Leben außerhalb des Wassers angepaßt, denn fast alle legen ihre Eier ins Wasser und ihre Larven sind kiemenatmende Wassertiere, deren Lungen und Gliedmaßen sich erst später entwickeln. Die meisten heutigen Formen (Frosch, Kröte, Salamander) leben in sumpfigen Gegenden. Die ältesten Amphibien (Ichthyostegiden) entstammen dem Oberen Devon von Grönland und besitzen noch zahlreiche Erbmerkmale ihrer Ahnen, der Crossopterygier (Seite 137). Die meisten Amphibien gehören zu den Labyrinthodonten (Panzerlurchen), deren Zahnschmelz gefaltet ist. Es handelt sich um kriechende Fleischfresser, die eine Länge von 4,5 m erreichten (Unterkarbon bis Trias).

Eryops, Perm, ist ein großer, fleischfressender Panzerlurch, schwerer Körper, untersetzt, mit einem großen, dreieckigen Schädel, kurze, mächtige Beine, gut an das Landleben angepaßt. Länge 1,5 m.

Eogyrinus, Unterkarbon, der mächtige dicke Körper und die schwachen Beine dieses sehr großen Salamanders beweisen ein fast ausschließliches Wasserleben. Länge 5 m.

Diplocaulus, Perm, ist ein keilköpfiger Salamander mit schwachen Beinen. Der Augenabstand und die Körperform legen ein fast ausschließliches Wasserleben nahe.

«Branchiosaurus», Perm, ist ein larvenartiger, ausgestorbener Lurch mit Außenkiemen und weniger verknöchertem Skelett als die Vorfahren. Länge 5,5 – 7,5 cm.

Cacops, Perm, kleiner Landlabyrinthodont, mit gut entwickelten Beinen, Panzerplatten auf dem Rücken, kurzem Schwanz und dickem Schädel. Länge bis 20 cm.

Diplovertebron, Unterkarbon, ein kleines, primitives Amphibium mit langem Körper, aber im Vergleich zu späteren Formen mit sehr schwachen Beinen. Schädel fast dem der Crossopterygier ähnlich. Länge 1,5 m.

Die Reptilien oder Kriechtiere (Unteres Karbon bis heute) sind kaltblütige, eierlegende Wirbeltiere, die die Krokodile, Schildkröten, Eidechsen und Schlangen umfassen. Zahlreiche und weitverbreitete fossile Formen beherrschten das Mesozoikum. Reptilien sind dem Landleben besser angepaßt als Amphibien. Sie legen ihre Eier, die eine Nahrungsreserve enthalten und mit einer schützenden Hülle umgeben sind, nicht mehr im Wasser ab. Die Reptilien sind durch eine schuppige oder mit Platten versehene Haut geschützte Lungenatmer.

Die ältesten Reptilien (Seymouriaähnliche) stellten noch eine Mischung aus Amphibien und Reptilien dar. Andere primitive Reptilien waren die Pareiasaurier, die Pelycosaurier, die Therapsiden und die im Wasser lebenden Mesosaurier. Die Reptilien herrschten im Mesozoikum vor und umfaßten auf dem Land die Dinosaurier, in der Luft die Pterosaurier und sechs Gruppen im Meer. Die Reptilien reduzierten sich am Ende des Mesozoikums. Bis in unsere Tage haben von 15 Hauptgruppen nur 4 überlebt. Alle Gruppen der ausgestorbenen und der lebenden Arten zeigen im Schädelskelett die charakteristischen Strukturen.

Edaphosaurus, ein pflanzenfressender Kammsaurier, mit reduziertem Schädel, mit einer Art Segel auf dem Rücken wie bei Dimetrodon, einem größerköpfigen Fleischfresser. S. Seite 142. Perm.

Seymouria, Perm, sehr primitives Reptil mit vielen amphibischen Merkmalen, aber mit deutlich entwickelten Reptilgliedmaßen. Länge 60 cm.

Dicynoden, Therapside
des Perms, Länge 2 m

Cynognathus, Trias, Reptil,
Länge 2 m

Moschops, Perm, Pflanzenfresser
mit Riesenkopf, Länge·2,5 m.

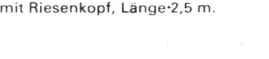

Dimetrodon, Perm,
fleischfressender Kammsaurier,
Länge 2,5 m

Edaphosaurus, Perm, pflanzenfressender Kammsaurier, Länge ca.
3,5 m

Ophiacodon, Perm,
Reptil, von Fischen
lebend, Länge 2,5 m

**Entwicklung der Reptilien vom Säu-
getier-Typus**

Die Kriechtiere (Reptilien) des Unteren Mesozoikums brachten eine große Verschiedenheit der Formen hervor. Die meisten von ihnen erschienen im Perm, von Vorfahren stammend, die wenig von Seymouria verschieden waren. Die
ter den Landreptilien findet man Pelycosaurier mit Rückensegel, Reptilien von Säugetiercharakter und kleine, zweifüßige
Thecodonten, die gleichzeitig Vorfahren der Dinosaurier,
marinen Kriechtier-Formen des Mesozoikums sind: die Meer-
schildkröte, die Pflasterzahnechse und die Fischsaurier. Un-
Vögel, Krokodile, Schlangen und der·fliegende Pterosaurier
waren. Die Eroberung des Landes, des Meeres und der Luft
durch die Reptilien ist eines der wichtigsten Ereignisse der
Erdgeschichte. Keine andere Tiergruppe, mit Ausnahme der
Säugetiere, hat eine so große Anpassungsfähigkeit an die
verschiedenen Klimate und Gegenden gezeigt.

Mosasaurus, Kreide, Seeschlange, wahrscheinlich aus eidechsenähnlichen Vorfahren entwickelt, mächtiger krokodilähnlicher Körper, starke Zähne und Kiefer und wohlentwickelte Paddeln. Länge 10 m.

Amphichelydia, Schildkröte, Vorläufer der heutigen Land- und Seeformen, erschien in der Trias, einige Schildkröten aus der Kreidezeit erreichten 4 m.

Ichthyosaurus, oder Fischeidechse, im Meer lebendes, fleischfressendes Reptil (Trias bis Kreide), mit fischförmig verlängertem Körper. Viele Formen sind gut erhalten und zeigen, daß sie lebendgebärend waren. Länge bis 10 m.

Plesiosaurus, Jura bis Kreide, marine Fleischfresser; sie waren gute Schwimmer mit mächtigen Flossen, langhalsig mit kleinem Kopf und langem Schwanz; andere waren kurznackig und langköpfig. Länge 5 – 12 m.

Placodonten (Pflasterzahnechsen) sind triasische weichtierfressende Reptilien mit walroßähnlichen Körpern und hochspezialisierten Zähnen. Einige Formen hatten auf dem Rücken einen knochigen Panzer. Länge ca. 4 m.

Nothosaurus war ein schlankes, fischfressendes, amphibisches Reptil aus der Triaszeit, wahrscheinlich Vorfahre des Plesiosaurus. 1,2 m lang.

Die marinen Kriechtiere des Mesozoikums haben das Meer beherrscht wie die Dinosaurier das Land. Durch ihre «Paddel», die als Flossen dienten, und ihre Lungen anstelle von Kiemen, paßten sich diese Abkömmlinge von Landtieren sehr gut an das Leben im Meer an. Schildkröten und Mosasaurier sind Abkömmlinge von verschiedenen Stämmen anderer mariner Kriechtiere.

Die Dinosaurier, die «wilden» Eidechsen, sind die am besten bekannten Reptilien. Sie haben auf der Erde während der größten Zeit des Mesozoikums, ungefähr 140 Millionen Jahre lang, geherrscht. Die Dinosaurier leiten sich von einer Gruppe thekodonter, triasischer Reptilien ab und waren durch zwei Hauptgruppen vertreten: die Saurischier und die Ornithischier. Die Saurischier hatten die Beckenstruktur der Reptilien. Die andere Gruppe, die Ornithischier, waren Dinosaurier mit Vogelbecken.

Die Saurischier entwickelten sich in zwei verschiedenen Gruppen von Dinosauriern. Die Primitiveren werden Theropoden genannt. Die ältesten von ihnen waren kleine, 1,50 m große, schlanke Geschöpfe mit einem langen, balancierenden Schwanz. Spätere Formen waren fleischfressende Riesen. Die zweite Gruppe, die Sauropoden, umfaßt vorwiegend Pflanzenfresser mit 4 Beinen und einem langen Schwanz. Die größten Tiere erreichten eine Länge von 29 m. Ihre Zähne, bei den Fleischfressern gewöhnlich spitz, bei den Pflanzenfressern abgestumpft, besetzten die ganze Länge der beiden Kiefer.

Die Ornithischier umschlossen 4 Gruppen. Stegosaurus war ein 6 m langer Pflanzenfresser mit einem hochgewölbten, bewaffneten Rücken, von dem schwere Knochenplatten sich in einer doppelten Reihe erhoben, und einem langen Stachelschwanz.

Die Ornithopoden waren halb im Wasser lebende, entenschnabelige, zweifüßige Dinosaurier mit Schwimmfüßen. Die größten wurden etwa 8 m lang. Einige besaßen auf dem Schädel Hohlstrukturen in Form einer Haube, die der Luftspeicherung dienten. Ankylosaurus war ein bewaffneter, panzerwagenähnlicher Dinosaurus mit stark gebogenen Rippen, dessen breiter Rücken mit überhängenden Knochenplatten bedeckt war, von denen sich einige in Stacheln umwandelten. Er konnte 6 m lang werden. Die Ceratopse waren gehörnte, pflanzenfressende Dinosaurier, 1,50 m bis 6 m groß, mit dickem Kopf und am Hals gepanzert.

Die Dinosaurier waren weltweit verbreitet und bewohnten die verschiedenartigsten Gegenden. Die Ursache ihres Aussterbens am Ende der Kreidezeit ist nicht bekannt.

Vereinfachter Stammbaum der Dinosaurier

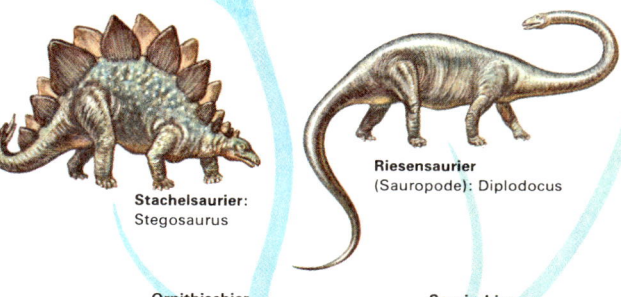

Ceratops
Nashornsaurier: Monoclonius

Schnabelsaurier
(Ornithopode):
Corythosaurus

Raubsaurier
(Theropode): Allosaurus

Panzersaurier:
(Ankylosaurus)

KREIDE

JURA

Stachelsaurier:
Stegosaurus

Riesensaurier
(Sauropode): Diplodocus

Ornithischier

Saurischier

JURA

TRIAS

Ursaurier
(Theocodonte: Ornithsuchus

Archaeopteryx, Jura, ein primitiver, krähengroßer Vogel mit zahlreichen Reptilmerkmalen, bekannt aus den Kalksteinbrüchen von Solnhofen. Länge 45 cm.

Die Vögel sind Wirbeltiere mit warmem Blut. Sie besitzen Flügel, Federn und legen Eier. Der älteste bekannte Vogel, der Archäopteryx, zeigt viele Reptilienmerkmale: Zähne, Flügel, Krallen und einen Reptilschwanz. Die Vögel stammen wahrscheinlich von thekodonten Reptilien ab, von denen gleichfalls die Dinosaurier, die Krokodile und die Pterosaurier abstammen. Die leichten Knochen und ihre Lebensweise erschweren die Fossilisierung der Vögel. In der Kreide findet man Seevögel und andere. Neuzeitliche Fossilien stammen von einer Anzahl fleischfressender Riesenvögel, die flugunfähig und etwa 2 m hoch waren.

Hesperornis, ein kretazischer, mit Zähnen versehener, taucherähnlicher, flugunfähiger Seevogel (reduzierte Flügel), gut geeignet zum Schwimmen und Tauchen. Maximale Länge 2 m.

Phororhacos, ein schwerschnabeliger, flugunfähiger miozäner Landvogel in Südamerika. Höhe ca. 1,5 m.

Die Säugetiere (Jura bis heute). Sie sind Wirbeltiere mit warmem Blut, die ihre Jungen säugen. Die meisten von ihnen haben Haare oder einen Pelz, differenzierte Zähne und stark entwickelte Sinnesorgane. Sie sind heute in der ganzen Welt die herrschende Gruppe lebender Tiere.

Megatherium, zahnloses Landtier der Pleistozänzeit. Länge 6 m.

Die Kloakentiere sind die primitivsten, eierlegenden Säugetiere und umfassen die Schnabeltiere mit Entenschnabel und die Ameisenigel mit Stacheln. Man kennt keine fossilen Schnabeltiere vor dem Pleistozän, obwohl sie sich wahrscheinlich viel früher entwickelt haben
Die Beuteltiere (Marsupier) wie Känguruh und Opossum schützen ihre Jungen, die bei der Geburt nicht vollständig entwickelt sind, in einer Tasche. Beuteltiere (Untere Kreide bis heute) waren in Südamerika verbreitet, wo die geographische Isolation, ähnlich wie in Australien, ihre Entwicklung erlaubte.
Die Placenta-Säugetiere (Kreide bis heute), die wichtigste Gruppe, besitzen ein Organ (Placenta), das die Ernährung des Embryos durch den mütterlichen Organismus sicherstellt. Hunde, Katzen und Robben sind fleischfressende Placenta-Säugetiere. Fossile Formen umfassen die Ur-Raubtiere, die Landraubtiere und die Robben. Die Ur-Raubtiere, archaische tertiäre Fleischfresser, waren meistens klein, schlank und hatten einen langen Schwanz. Die Landraubtiere, spaltfüßige Fleischfresser, ersetzen die Ur-Raubtiere allmählich. Sie stammen wahrscheinlich von wieselähnlichen Vorfahren ab. Heutige Spaltfüßige, zum Beispiel Hunde, Bären, Wiesel und Katzen, haben sich im Laufe des Tertiär entwickelt. Viele sind in gutem fossilen Zustand erhalten. Die Robben, Fleischfresser mit Schwimmfüßen, umfassen die Robben und Walrosse, die wahrscheinlich von hundeähnlichen Vorfahren der Miozänzeit stammen. Das Körpermaß der Säugetiere variiert von 5 cm bei der Spitzmaus bis zu mehr als 30 m beim Blauwal.

Oxyaena, Paläozän bis Eozän, fleischfressendes Ur-Raubtier, zu vergleichen mit Phenacodus (s. unten), Länge 1 m.

Huftiere (Ungulaten) sind meistens ziemlich große Grasfresser. Sie umfassen die Pferde, die Wiederkäuer, die Elefanten und die Flußpferde, außerdem noch die Walrosse und einige fossile Formen, bei denen die Hufe nicht vollkommen ausgebildet sind. Die ältesten Huftiere des Paläozäns waren kleine Urhufer mit nur teilweise differenzierten Zähnen und Klauen oder sehr unausgebildeten Hufen. Die Amblypoden, zum Beispiel die großen Uintatheren mit elefantenähnlichen Beinen, erreichten 1,20 m Höhe. In der Eozänzeit wurden diese Formen durch unpaarzehige Formen, zu ihnen gehören ausgestorbene Titanotheren und Chalicotheren sowie primitive Rhinozerosse, Pferde und Tapire, ersetzt, Paarzehige Huftiere wie Hirsche, Kamele, Schweine und Rinder erscheinen im Eozän und hatten am Ende der Tertiärzeit weithin die unpaarzehigen Huftiere ersetzt. Das Pferd und das Rhinozeros sind die am besten bekannten lebenden unpaarzehigen Huftiere. Die Entwicklungsgeschichte vieler behufter Säugetiere ist in sehr vielen Einzelheiten bekannt. Einige von ihnen waren klassische Forschungsobjekte der Paläontologie.

Uintatherium, Eozän, typischer, sechshörniger Pflanzenfresser, interessant wegen seiner stark veränderten Zähne. Länge 4 m.

Phenacodus, Paläozän bis Eozän, fortentwickeltes Ur-Huftier, besaß aber noch einen langen Schwanz, fünf getrennte Zehen und einen den Fleischfressern ähnlichen Schädel. Länge 2 m.

Moropus, Miozän, pferdeähnlicher Chalicothere mit titanotheren Zähnen, drei funktionelle Zehen sind zu starken Klauen entwickelt.

Brontotherium, Oligozän, der größte der Titanotheren, 2,5 m hoch. Die ersten Titanotheren waren schlanke, hornlose Geschöpfe, nur ungefähr 70 cm hoch.

Die Zahnarmen sind Säugetiere mit sehr reduzierten Zähnen. Sie stammen aus Südamerika und sind später nach Nordamerika eingewandert. Zwei Hauptgruppen haben sich entwickelt. Die erste Gruppe umfaßt die Gürteltiere, die an Schulter und Hüfte einen Panzer besitzen, der aus beweglichen, schuppenförmigen Platten zusammengesetzt ist. Die ältesten Formen kommen aus dem Eozän, und verwandte spätere Neuzeitformen umfassen die riesigen Glyptodonten mit massiverem, festem Panzer.

Die andere Gruppe der Zahnarmen umfaßt die baumlebenden Faultiere, die Ameisenbären und die ausgestorbene Gruppe des Megatheriums (Erdfaultier). Sie ernähren sich von Blättern und Früchten.

Nothrotherium, Pleistozän, relativ kleines Megatherium von 2 – 2,5 m Länge, Zeitgenosse der ersten Menschen, im Südosten der Vereinigten Staaten.

Glyptodon, Pleistozän, ein spezialisierter Zahnloser mit ungegliedertem Knochenpanzer und schwer gepanzertem Schwanz, bisweilen mit einer stacheligen Keule endend. Länge 3 m.

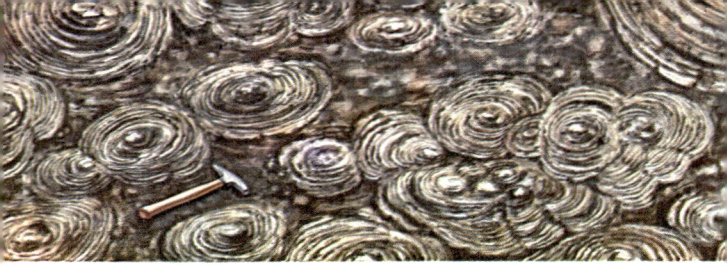

Cryptozoen-«Riff», Kambrium, diese Kalkformation und ähnliche andere sind wahrscheinlich von primitiven Algen aufgebaut worden.

Fossile Pflanzen

Die Pflanzenwelt ist natürlich am Anfang des Tierlebens vorhanden gewesen, aber ihre fossilen Formen sind viel weniger zahlreich und daher ist über die Vergangenheit der Pflanzen wenig bekannt. Siehe die Wasser- und Landpflanzen im Devonmeer (Seite 34 bis 69).

Lagerpflanzen (Thallophyten) sind einfach gebaut, ohne Wurzel, Stamm, Blätter und Leitungsgewebe. Algen, das sind Lagerpflanzen mit Chlorophyll, waren bereits weitverbreitet. Von sieben großen Gruppen sind nur einige fossil erhalten. Einige gehen bis auf das Präkambrium zurück. Lagerpflanzen ohne Chlorophyll sind Pilze, Schleimpilze und Bakterien. Sie haben kaum fossile Spuren zurückgelassen.

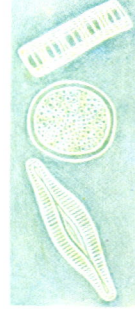

Charnia (links), Oberes Präkambrium, ist ein umstrittenes Fossil, von England und Australien bekannt. Die einen betrachten sie als eine Alge und die anderen als eine Seefeder, einen Coelenteraten. Länge 10 – 20 cm.

Diatomeen, Kreide bis heute, sind kleine, einzellige, im allgemeinen mikroskopische Algen. Alle treiben frei im Wasser und besitzen ein feines Kieselskelett. Die Diatomeen leben im Salz- und im Süßwasser. Diese zarten Algen bilden in der Erde Ablagerungen ihrer Gehäuse, die eine Mächtigkeit von 1000 m erreichen können. Man kennt ungefähr 10 000 lebende Arten. Einige scheinen mit denjenigen der Kreidezeit identisch zu sein.

Asteroxylon, Psilophyt des Devons hat einen einfachen, verzweigten Sproß mit blattähnlichen Ansätzen, ist komplexer gebaut als Rhynia. Länge 25 cm.

Rhynia, devonischer Psilophyt, hat einen nackten, verzweigten Sproß mit endständigen Sporenkapseln. Eine der ersten Gefäßpflanzen. Länge maximal 20 cm.

Embryophyten. In dieser großen und wichtigen Pflanzengruppe entwickelt sich die befruchtete Eizelle zu einem Embryo, der in eine schützende Hülle eingeschlossen ist. Die ersten dieser Gruppe sind die Bryophyten, die die Laub- und Lebermoose umfassen. Sie sind die einzigen Embryophyten ohne ein spezialisiertes Gefäßsystem. Die einfachen, an feuchten Stellen wachsenden Landpflanzen sind fossil selten (Oberkarbon bis heute).

Gefäßpflanzen. Diese Pflanzen haben ein spezialisiertes Leitgefäßsyten (Holzteil oder Xylem und Bastteil oder Phloem) und besitzen im allgemeinen echte Wurzeln, Stamm und Blätter. Die fossilen Reste sind sehr allgemein und weitverbreitet. Die Psilophyten, die einfachsten Gefäßpflanzen, hatten kleine, schuppenförmige Blätter, die aber auch, genau wie die Wurzeln, fehlen konnten. Sie umfassen die ältesten im Silur Australiens bekannten Landpflanzen und waren im Devon häufig. Keine der Arten hat überlebt. Die Sphenopsiden oder Schachtelhalmartigen umfassen die heutigen Schachtelhalme. Diese Pflanzen mit gegliedertem und gerieftem Stengel und quirlständigen Blättern tragen am äußersten Ende des Stengels einen konischen Behälter mit Sporen. Die Formen des Oberen Karbon, die Calamiten, erreichten eine Höhe von mehr als 12 m (Devon bis heute).

Calamites, Unterkarbon bis Perm, Schachtelhalm mit ringförmig gegliedertem Stamm und an den Knoten quirlförmig stehenden Blättern. Höhe bis 12 m.

Sphenophyllum, Devon bis Trias, mit kleinen, schlanken, gerieften Sprossen und kleinen Quirlen von keilförmigen Blättern. Länge 0,75 cm.

Lycopodien (Bärlappartige) sind Gefäßpflanzen mit einfachen, spiraligen, nicht im Kreis angeordneten Blättern. Der Stengel ist nicht gegliedert. Diese Gruppe, die die heutigen Bärlapparten umfaßt, erreichte ihren Höhepunkt in Form von großen Bäumen im Oberen Paläozoikum. Einige Lycopodien haben zwei Typen von Sporen. Die fossilen Formen sind weit verbreitet und besonders in den Karbonschichten reichlich vorhanden.

Sigillaria, Unterkarbon, massiver Stamm mit beblätterten Zweigen und vertikalen Blattnarben. Maximale Höhe 30 m.

Lepidodendron, Unterkarbon, groß, verzweigt, mit schlanken Blättern und rhombusförmigen Blattnarben. Höhe maximal 30 m.

Stigmaria, Oberkarbon, sind die Wurzeln der baumförmigen Lycopodien, (Bärlappgewächse). Ihre Oberfläche zeigt die unregelmäßigen Spiralen der Narben von Würzelchen. Höhe 12 m.

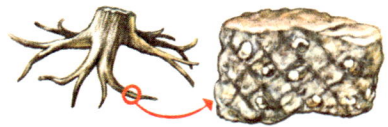

Die Farne stellen eine alte Gruppe von Gefäßpflanzen mit breiten, zusammengestetzten Blättern dar, die auf der Unterseite Sporangien tragen können. Sie sind im Oberen Karbon und heute noch allgemein verbreitet. Viele farnähnliche Formen sind keine Farnbäume, sondern Farnsamer (siehe unten).

Die Gymnospermen (Nacktsamer), die einfachsten Samenpflanzen, haben sich gut entwickelt, weil die Pollenkörner die Trockenheit überstehen, während bei den einfachen Embryophyten die männliche Zelle im Wasser übertragen wird. Die Gymnospermen haben unansehnliche Blüten und in Zapfen angeordnete Samen. Die lebenden und ausgestorbenen Gymnospermen teilen sich in fünf Gruppen (s. Seite 153 bis 155). Die Farnsamer sind eine ausgestorbene Gruppe, deren männliche und weibliche Organe im allgemeinen nicht mit den Blättern in Zusammenhang stehen, sondern an besonderen Teilen der Pflanze erzeugt wurden (Devon bis Jura). Die mesozoischen Cycadeoiden und die eng verwandten Cycadeen besaßen einen Ring von eng zusammengedrängten, palmähnlichen Zweigen, die aus einem runden Stumpf (Stamm) wuchsen. Die Cycadeen unterscheiden sich von Cycadeoiden dadurch, daß die männlichen und weiblichen Organe in getrennten, zapfenähnlichen Gebilden liegen (Perm bis heute). Die Cordaiten waren große Bäume mit schlanken, bandartigen Blättern (Oberkarbon bis Trias). Ginkgos (Trias bis heute) waren allgemein im Mesozoikum verbreitet und besitzen nur eine einzige, heute noch lebende Art. Koniferen, hauptsächlich mit nadelförmigen Blättern und echten Zapfen, sind heute am weitesten verbreitet (Oberkarbon bis heute)

Neuropteris, Unterkarbon bis Perm, Zweig eines Farnsamers, Blätter mit gebogenen Nerven. Blättchen oval, abwechselnd. Länge der Fiederblättchen 0,6 bis 1,15 cm.

Alethopteris, Oberkarbon, Farnsamer mit schmalen, in die Basis verlängerten Blättchen, Mittelnerv sehr deutlich. Länge der Fiederblättchen 1,25 cm.

Gymnospermen (Nacktsamer)

Cycadophyten
Bennettidee

Rekonstruktion
Cycadoidea
dacotensis
heutiges Fossil

Frucht

Cycadoidea, (Bennettideen), Trias bis Kreide, vorherrschend im Mesozoikum, ähnlich den heutigen Cycadeen, aber ihre Konstruktion ist unterschiedlich Höhe 0.6 – 3.6 m

Sphenopteris, Devon bis Oberkarbon, Zweig eines Farnsamers, kleine symmetrisch gelappte Blättchen mit radialen Nerven. Länge der Fiederblättchen 1 cm.

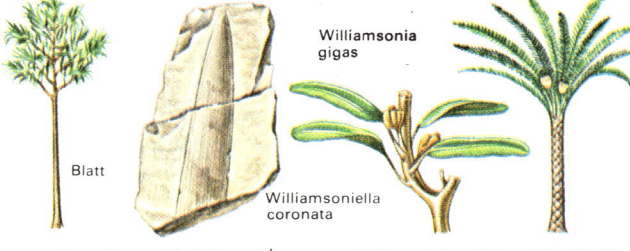

Blatt

Williamsonia
gigas

Williamsoniella
coronata

Cordaiten, Devon bis Trias, allgemein im Oberen Paläozoikum. Mögliche Vorfahren der Nadelbäume. Höhe maximal ca. 30 m.

Williamsonia, Trias bis Kreide. Cycadeoide Pflanze mit knolligem Stamm, der Eindrücke von Blattbasen zeigt. ca. 2 m.

Lebachia, Unterkarbon bis Perm, hat einen kräftigen Stamm und spiralig angeordnete, nadelähnliche Blätter. Länge des dargestellten Zweiges ca. 25 cm.

Ginkgo, Trias bis heute, lebendes Fossil mit Blättern an kurzen Zweigen. Weitverbreitet im Mesozoikum. Länge der Blätter bis zu 10 cm.

Eine neuzeitliche Landschaft mit Angiospermen und einigen Nadelhölzern, beide den modernen Bäumen sehr ähnlich.

Die Angiospermen (Bedecktsamer) umfassen ungefähr 250 000 heute lebende Arten. Die Blüte ist ein einheitliches Organ. Durch Insekten oder Wind verbreitete Pollenkörner erzeugen einen Schlauch, durch den die Eizelle befruchtet wird. Die Samen sind in einem Fruchtknoten eingeschlossen. Die Angiospermen entwickelten sich in der Kreidezeit und wurden sehr wichtig, weil sie die Entwicklung der pflanzenfressenden Huftiere wie Pferde, Antilopen und Rinder begünstigten. Die Angiospermen umfassen die Einkeimblättrigen wie Gräser, Lilien, Riedgräser, Palmen, Ananasgewächse und Orchideen und die Zweikeimblättrigen (Seite 156) mit Gattungen wie Rosen, Malven, Senf, Butterblume, Tomate, Pfefferminze, Karotte und Gänseblümchen. Fossilien dieser Gruppen sind allgemein in den Süßwasser-Tonen, den vulkanischen Aschen und feinen Sedimenten verbreitet.

Monocotyledonen (Einkeimblättrige)

Gräser, hauptsächlich als fossile Früchte bekannt, waren im Miozän weitverbreitet und hatten auf die Entwicklung der Säugetiere starken Einfluß. Maximale Länge der Blätter ca. 40 cm.

Sanmiguelia, Trias, eine palmenähnliche Pflanze von Colorado. Maximale Länge der Blätter 40 cm.

Grassamen

Dicotyledonen (Zweikeimblättrige)

Magnolie, Kreide bis heute, eine weitverbreitete und allgemein bekannte, aber sehr primitive Blütenpflanze. Wuchs in Alaska und Grönland im späten Mesozoikum und Zänozoikum.

Weide (Salix) Kreide bis heute, lange (im allgemeinen 7,5 – 15 cm) lanzettliche Blätter mit feingezähntem Rand, allgemein verbreitet. Fossile Pollenkörner sind als Mikrofossil besonders wichtig.

Birke (Betula), Kreide bis heute, weitverbreiteter Baum, Blätter 5 – 10 cm lang, oval, zugespitzt, randgezähnt, allgemein verbreitetes Fossil, das ein kühles, gemäßigtes Klima anzeigt.

Sassafras, Kreide bis heute, mittelgroßer Baum oder Strauch, Blätter 10 – 15 cm lang, einfach, oval, ein- bis dreilappig, dem Lorbeer ähnlich.

Feige, (Ficus) Kreide bis heute, diese Familie, die viele tropische Bäume, wie z.B. die Kautschukbäume, umfaßt, ist charakteristisch für wärmere Gegenden. Weitverbreitet in der Kreide. Blätter 15 – 30 cm lang.

Ahorn (Acer), Kreide bis heute, Wuchs mittel bis groß, weitverbreitet in gemäßigten Zonen, die Blätter, die eine Größe von 30 cm erreichen, sind breit, gebuchtet oder gelappt und gezähnt. Frucht mit Flügeln.

Register